人人博弈心理学

刘晓丽 著

中国友谊出版公司

图书在版编目(CIP)数据

女人博弈心理学 / 刘晓丽著. -- 北京：中国友谊出版公司，2025.4. -- ISBN 978-7-5057-6085-1

Ⅰ.B844.5

中国国家版本馆CIP数据核字第20253ZY337号

书名	女人博弈心理学
作者	刘晓丽
出版	中国友谊出版公司
发行	中国友谊出版公司
经销	新华书店
印刷	水印书香（唐山）印刷有限公司
规格	670毫米×950毫米 16开 11印张 120千字
版次	2025年4月第1版
印次	2025年4月第1次印刷
书号	ISBN 978-7-5057-6085-1
定价	49.80元
地址	北京市朝阳区西坝河南里17号楼
邮编	100028
电话	（010）64678009

前言

为何女人需要了解博弈心理学

提起女性特质,人们想到的往往是柔软、温和等。这样的特质让女性能够更加细腻地看待世界、处理问题,能够更敏锐地感知他人的情绪变化,并做出恰当的反馈。这些特质在人际关系中无疑是一大优势,能够帮助女性建立深厚的人际连接,营造和谐的社交环境。然而,在现实生活中,女性也面临着种种挑战:在职场上,需要进行博弈和竞争;在生活中,需要不断做出权衡取舍。于是,了解博弈心理学成为一种必要。

博弈心理学不仅能教会我们如何在各种竞争中保持冷静,制定合理的应对策略,还能引导我们学会如何通过理解和推测他人的行为来保护自己的利益。同时，它也强调合作的重要性——在某些情况下，通过建立互惠互利的关系，可以实现与他人共赢的局面。

你或许在网络上见过这样一句话："实际上，男性更加现实。"这里的"现实"其实是指做事时权衡利弊、进行博弈。这句话意在表达男性在面对生活和社会问题时，可能更多地从实际利益出发，采取更为直接的方式来解决问题或做出决策。尽管我们女性往往很重视感情，但这并不意味着我们不能成为更加清醒而理智的人。事实上，偏感性的我们更需要懂得博弈心理学。

博弈心理学融合了博弈论与心理学，主要探讨人们在策略互动中的心理与行为。它关注个体在不确定的条件下如何做出决策，如何受情绪和认知偏差的影响。此外，该领域还研究信任与合作的建立、公平感对策略选择的作用，以及不同个体的风险偏好。博弈心理学揭示了人们在互动决策中的真实面貌，为实际应用，如谈判、营销等提供帮助。博弈心理学能够帮助我们通过不断学习与调整策略来应对变化，从而实现自身利益最大化。

所以，掌握博弈心理学知识不仅能帮助我们在感性和理性之间找到一个健康的平衡点，还能促使我们在情感关系中找到更加稳固的位置，同时，还能使我们在职场乃至整个人生舞台上绽放夺目的光彩。

❶ 学习博弈心理学可以帮助女性平衡感性与理性

一直以来,"感性"似乎是贴在女性身上的一个标签,这种特质虽有助于女性建立和谐的人际关系,但在需要做出重要决定时,它却可能令女性犹豫不决。因此,学习博弈心理学不仅能帮助女性更好地理解自身的行为模式,还能帮助女性在感性和理性之间找到一个健康的平衡点。了解博弈心理学,能够让女性学会在复杂的情境下权衡利弊,使利益最大化;能够使女性在保持敏感度的同时,也具备冷静分析问题的能力,在生活的各个层面都更加游刃有余。

❷ 学习博弈心理学可以帮助女性在情感关系中掌握主动权

女性时常会发现自己过度投入于一段情感关系,以至于忽视了自身的基本需求或个人权益。博弈心理学为女性提供了一个独特的视角,它不仅能够让女性更加客观地审视自己与他人之间的互动模式,还能够帮助女性认识到在任何关系中保持自我价值的重要性。借助博弈心理学的洞见,女性可以学会在维护亲密关系的同时,不忘设立界限并尊重他人的空间与边界。这既是对自我的肯定,也是对他人的尊重,能够让女性的每一段关系都尽可能朝着积极、健康的方向发展,从而使女性在情感关系中达到更为平衡的状态。

③ 学习博弈心理学可以帮助女性在职场中更上一层楼

在充满挑战的职场环境中，无论是寻求工作与家庭生活的平衡，还是追求职业成长，每个女性都不可避免地会遇到各种障碍。对于能力经常被低估的女性来说，掌握博弈心理学的知识变得尤为重要。

博弈心理学不仅能够帮助女性识别职场中潜在的危机，还能指导女性制定有效的应对策略，使女性在竞争激烈的环境中脱颖而出。无论是为了一次合理的加薪而进行谈判，还是争取一个梦寐以求的晋升机会，或是在领导一项重要项目时，博弈心理学都能增强女性的信心，提升女性的沟通能力。

博弈心理学可以教会女性在职场中如何展现自己真实的价值和能力，如何更加游刃有余地应对复杂局面。

总而言之，博弈心理学是一种提升自我认知的强大工具，学习并运用博弈理论的目的不是去改变那个真实的自我，而是更好地理解周围的世界，在这个过程中找到最适合自己的位置，活出最真实的自己。

目录

第一部分 自我博弈——女性自我意识与个人成长

第一章 女性的独立精神与生活态度

- 经济独立：拒绝做手心向上的女人　　004
- 人格独立：做不被定义的自己　　010
- 吸引力法则：爱自己是终身浪漫的开始　　017
- 沉没成本效应：及时止损，别为错误恋情买单　　021
- 过度补偿心理："倒贴"的代价与自我价值重建　　026

第二部分 爱情博弈——
情感世界中的智慧与策略

第二章 选择伴侣的心理学：理性评估与情感共鸣

- 互惠原理：六个步骤赢得对方的真心　　　　　　　　　　034
- 场合依存效应：如何通过逛街看清男友的"底色"　　　　039
- 三大心理学技巧，辨别他的追求是真心的还是"广撒网"　044
- 依恋理论：男性心理大揭秘，看透他的底层需求　　　　　049

第三章 恋爱中的亲密与独立

- 恋爱心理小剧场：约会迟到、口是心非……恋爱中的
  心理小动作大揭秘　　　　　　　　　　　　　　　　　058
- 告别嫉妒小情绪：别让"酸"伤害你和伴侣的感情　　　066
- "冷暴力"破解指南：面对恋爱冷暴力，如何优雅反击　071
- 失恋不可怕，心理大师来救驾　　　　　　　　　　　　076
- 挽回大作战：心理学帮你再次吸引他　　　　　　　　　081

第三部分　生活博弈——情感与理智的较量

第四章　婚姻里的博弈：情感与责任的平衡之道

- 家庭 VS 自我：如何做个能平衡两方的聪明女人　　088
- 运用同理心吸引并留住优质伴侣　　092
- 运用洞察力识别伴侣的忠诚度　　097
- 第三者入侵警报：当婚姻遭遇考验，如何冷静应对　　100

第五章　家庭中的博弈：温馨港湾中的和谐之道

- 心理学支着儿：三招搞定婆媳关系　　106
- 消除原生家庭的烙印，重新养育自己　　109
- 边界感：兄弟姐妹多，守护小家是王道　　118
- 建立高自尊：通往幸福之路的基石　　122

第四部分 社会博弈——关系网络中的策略与思考

第六章 职场上的博弈：在竞争中谋发展

- 打破职场性别歧视 — 128
- 内外兼修：在职场中绽放独特光彩 — 132
- 女性领导力：不做配角，只做主角 — 137
- 知识更新不停歇：心理学视角下的终身学习 — 140

第七章 人际关系博弈：社交场上的巧妙周旋

- 刺猬法则：从容应对咄咄逼人的谈话 — 144
- 镜像效应：应酬中的巧言妙语 — 147
- 了解不同领导的性格类型，找到最佳相处模式 — 151
- 微表情分析：从眼神探知领导心理 — 155
- 多样性心理学：识别职场中的十种同事类型 — 158
- 识别潜在的职场"小人" — 164

第一部分

自我博弈——
女性自我意识与个人成长

第一章 女性的独立精神与生活态度

经济独立：拒绝做手心向上的女人

在当今社会，全职太太的角色与价值时不时地成为热议的话题。有人认为，全职太太手心向上，缺乏尊严，没有独立生存的能力。有人认为，全职太太也是一种职业，理应获得相应的报酬与尊重。有些全职太太将自己的付出与家庭教育指导师、保姆以及家务整理师等职业相提并论，并计算出一笔可观的"薪资"。我们看这些热议时，思考过这些全职太太的真正诉求吗？

不可否认，有些全职太太因自己对家庭所付出的努力未得到应有的认可而感到不满，她们的不满在某种程度上是可以理解的，毕竟每个人都希望自己的努力能够得到肯定。然而，当不满转化为无尽的抱怨与痛苦时，她们是否应该停下来反思：仅仅抱怨、感到痛苦就能解决问题吗？

我们要意识到，生活本身就是一个充满不确定性和变化的过程，比如，我们日常可以看到市场上房价在波动，知名企业突然宣布破产，生活中突发意料之外的变故……这一切都无时无刻不在提醒我们：世间万事万物皆处于不断的变化之中。就连我们最为珍视的情感关系也不例外——爱与不爱并非一成不变。一个人可能从真诚转为虚伪，也可能从误入歧途回归正轨；曾经体贴入微的伴侣也许会变得冷漠疏离……

当我们在感情中遭遇不被理解或对方的态度发生转变，比如，曾经亲密无间的爱人仿佛变成了无情的陌生人，这时，我们往往会产生深深的挫败感与无助感，执着于追问"为什么"，试图对对方为何如此对待自己寻找一个解释。然而，在感情的世界里，期望对方完全理解并回应自己的每一份付出，就像要求世界永远保持不变一样，是一种不切实际的愿望。每个人都有自己的想法和感受，而差异正是人际关系中不可避免的部分。与其执着于寻求一个可能并不存在的"为什么"，不如学会调整心态，允许生活中的一切自然发生，然后，寻找并走上提升自我价值和实现个人成长的道路。女性经济独立就是实现上述目标的关键。

1 女性经济独立可以有效增强家庭的抗风险能力

在当前复杂多变的经济环境下，如果仅仅依赖男方一个人支撑整个家庭的经济开支，无疑会使家庭面临较大的风险。各种不确定因素使得单纯依靠男方收入的家庭更容易受到外部环境变化的影响，整个家庭有可能因环境变化而陷入财务困境。不论是由于年龄原因遭遇的职业瓶颈，如"35岁危机"，还是由于大环境影响导致行业发生变化，个人收入减少，甚至个体经营失败，都可能给家庭带来严峻的挑战。而女性实现经济独立，则能在很大程度上帮助家庭分散这类风险。

如果一个家庭中的夫妻二人都有经济来源，那么，即便一方遭遇失业或其他突发事件，另一方的收入也能支撑家庭的基本生活，保持家庭财务状况相对稳定。这样的"双重保障"体系不仅能显著提升家庭整体抵御外部经济波动的能力，还能为家庭成员带来更多的安全感和支持力，使他们能够更加从容地面对生活中的各种不确定因素。

❷ 经济独立，在婚姻方面赋予女性更多选择

女性经济独立是女性个人能力的体现，能让女性在婚姻方面拥有更多选择。

女性实现了经济上的自给自足后，便能够在情感关系中追求更为纯粹的爱情与尊重，不必仅仅因为对方的经济条件较好而让自己在感情方面做出妥协。同时，这也意味着当婚姻中出现种种挑战，诸如信任危机或是有第三者介入时，女性能够更加从容地评估现状并采取相应的措施。无论是选择修复关系还是结束婚姻，都能基于自身利益做出理性判断，而不是出于经济压力被迫接受不利局面。

此外，经济独立还意味着女性在必要时有能力聘请专业律师为自己争取合法权益，确保在财产分割以及子女抚养等方面获得公平对待。这种实力上的平等也能够在一定程度上遏制潜在的、来自对方的不公平对待，维护自身权益不受侵害。

经济上的独立和自主让女性在追求幸福的道路上拥有了更多的主动权与尊严，使感情的发展能够基于互相理解和爱意，而非物质需求。

③ 经济独立可以解决女性的"价值外靠"问题

在传统社会中,"价值外靠"现象在女性群体中尤为突出。所谓价值外靠,是指女性长期以来由于未能广泛参与社会生产和经济活动,往往将自身的价值定位于对男性的依赖上。这种依赖不仅仅是经济上的,更是心理和社会地位上的。在历史长河中,女性被排除在职业领域之外,难以通过自身努力获取金钱和权力,从而无法在职业方面获得成就感和自我价值感。因此,许多女性习惯于将全部精力和希望寄托在一个男人身上,过分关注男性的一举一动,甚至会因一个男人的态度变化而患得患失。这种现象导致女性产生极大的心理内耗。

随着时代的发展,越来越多的女性开始意识到经济独立的重要性,她们积极投身于职场,通过自身努力,从职业成就中找到自我价值和满足感,不再需要在多方面依赖男性。这种转变不仅能够让女性在社会中赢得尊重和平等的地位,还能够帮助女性建立起内心的自信与安全感,使她们不再轻易地因为男性的一些行为而感到不安或焦虑。女性不再仅仅依靠男性来定义自我价值时,便能更好地专注于个人成长和发展,不会动不动就陷入无谓的心理内耗。

④ 经济独立让女性更加优秀和强大

经济独立不仅仅是拥有一份稳定的收入那么简单,更重要的是在获得经济独立的过程中,能够培养出强大的内心。女性通过在职场打拼实现经济独立的同时,往往也会经历种种挑战与机遇,这些经历不仅有助于女性提升职业技能水平,还会在无形中锻炼出果断、勇敢的性格。比如：面对困难时能够迅速做出决策；处理复杂事务时具备条理清晰的逻辑思维能力；对未来趋势有着敏锐洞察力；等等。这些素质都将成为女性在人生道路上披荆斩棘、勇往直前的强大支持。

另外，经济独立不仅能为女性带来物质层面的保障，还能够为女性的内心注入强大的力量。当女性凭借自身努力实现经济独立后，她们往往变得更加自信，不再过分依赖他人的评价或通过他人的行为来衡量自己的价值。这样一来，女性在面对情感关系时也能保持相对客观冷静的态度，减少无谓的猜疑与争执，避免因过度依赖对方而导致心理失衡。这种心态上的转变使得女性能够更加专注于个人成长与发展，同时也能够促进家庭氛围和谐美好。

❺ 经济独立能够为女性提供精神层面的支持

除物质层面外，经济独立还能为女性提供精神层面的支持。当遭遇情感挫折时，有工作和收入来源的女性往往能够更快地调整心态，重新找到生活的重心，可以不依赖他人填补内心的空虚，而是通过投身于工作或兴趣爱好等方式找到自信与快乐。

相比之下，经济不独立的女性在遭遇类似问题时可能需要更长时间才能走出心理阴影，甚至有可能因为经济原因而被迫继续维持一段已失去温度的关系。这不仅不利于个人心理健康，还可能进一步损害家庭关系。

在这个充满机遇的时代，经济独立不仅是个人能力的体现，还是现代女性自信与尊严的源泉，女性应当勇敢地追求自己的梦想。当女性用自己的双手创造财富时，便不再受限于"手心向上"这个姿态,而是会独立地、有力地为自己支撑起一片晴空。

通过努力工作与学习,女性不仅能在职场上占据一席之地,还能收获内心的丰盈与喜悦。因自给自足而获得的成就感,能够让女性在面对生活的风风雨雨时,拥有一份从容与淡定。更重要的是,经济独立让女性拥有了追求理想生活方式的权利,无论是事业还是家庭,都有可能按照女性自己的意愿去规划。

经济独立,不仅是对个人价值的肯定,还是对社会进步的贡献,能够使社会更加公平和谐,让每一位女性都能够平等地站在阳光下,享受生活的美好。让我们一起拒绝成为那个只能依赖他人施舍幸福的女人,我们要成为那个能够为自己创造美好未来的独立的、自信的个体。只有这样,我们才能真正地活出自我,绽放出最耀眼的光芒。

人格独立：做不被定义的自己

人格独立是指个体在思想、情感和行为上能够自我主导，具有自主性和独立性，不受权威或外在力量影响，体现了一个人在面对外部压力或诱惑时，能够坚守自己的价值观，具有独立判断能力，会做出符合个人原则的选择。人格独立的人通常具备下面的几个特征。

❤ 自我意识

人格独立的人清楚自己的需求、欲望和局限性，能够准确评估自身的能力和价值，了解自己的长处和短板，并在此基础上制订合理的计划，规划发展路径。这种自我意识使得他们在面对各种情境时，都能更加从容和自信。比如，一个具备自我意识的人会在工作中明确自己的优势领域，从而在团队中发挥更大的作用。

❤ 自我决定

在决策过程中，人格独立的人基于个人的目标和信念做出选择，而不是盲目听从他人的意见或跟随社会潮流。他们能够独立思考，根据自己的实际情况做出判断。比如，在职业规划中，他们会根据自己的兴趣和职业目标来选择发展方向，而不是随波逐流或受他人意见的左右。

3 自主性

人格独立的人在行动上表现出主动性和创造性，不依赖他人实现自己的目标。他们在遇到困难时，能够积极主动地寻找解决方案，而不是被动等待别人的帮助。这种自主性使得他们在各种环境中都能展现出强大的适应能力和创新能力。比如，在创业过程中，他们会主动寻找市场机会，不断改进产品和服务，而不是被动接受市场的变化。

4 情绪稳定

人格独立的人能够在情绪方面进行自我调节，不会因外界的评价而过分波动，总能保持内心的稳定和平静，不会轻易受到他人情绪的影响，能够理性地思考和处理各种问题。比如，在面对批评或否定时，能够冷静分析，从中吸取有益的意见，而不是做出情绪化的反应。这种情感自足使得他们在处理人际关系时显得成熟而稳重。

5 独立思考

人格独立的人具备独立思考的能力，可以对信息进行客观分析，不易受到偏见的影响，能够从多个角度审视问题，避免片面的看法。比如，面对某个新闻事件，他们会从多个渠道获取信息，并结合自己的知识进行综合分析，而不会轻信一面之词。这种独立思考能力使得他们在处理复杂问题时更加客观和准确。

❻ 责任感

人格独立的人对自己的行为负责，并愿意承担相应的后果，而不是逃避或推卸责任。他们明白自己的每一个选择都会带来一定的结果，因此在行动前会深思熟虑。比如，在工作中，他们会认真对待每一项任务，确保按时完成，并对自己的成果负责。在职场中，这种责任感让人觉得他们可靠和值得信赖。

从上述分析可以看出，人格独立与经济独立虽有交集，但实为两种截然不同的状态。尽管在当今社会，许多优秀女性已在经济方面实现独立自主，但要达到真正意义上的心灵自由——人格独立，则显得更为艰难且充满挑战。

> 我的朋友冰冰是一位事业有成、财务状况极佳的现代女性。然而，在情感世界里，冰冰却显得异常脆弱。她曾在一段仅维持了一个多月的恋爱中花费超过五十万元。这笔巨额支出并非因为冰冰慷慨大方，而是源于冰冰内心深处对爱的极度渴求。冰冰希望通过物质付出换取男友对自己更多的关注与爱护。
>
> 若追溯至其童年时期，我们不难发现冰冰的成长环境充斥着来自父母的严厉批评与否定，这种高压氛围让她自小便形成了自卑心理，感觉自己毫无价值可言。长大后，尽管她

在职场上取得了巨大成功,并以此作为自我价值的证明,但在面对亲密关系时,冰冰仍旧无法摆脱幼年时期就笼罩在自己头上的阴影——内心极度缺乏自信和安全感,总希望自己能找到一个无条件爱自己、包容自己的一切的人,并愿意为此倾尽所有。

事实上,冰冰的行为正是人格不独立的表现之一。尽管她是一个经济独立的成功人士,但她仍需依赖外部来获得自我认同,在爱情方面更是如此,哪怕自己要为此花费巨额金钱。

冰冰的故事提醒我们,真正的独立不仅仅是经济层面的独立,还需要内在精神世界的丰盈与强大。只有当一个人学会真正爱自己、认可自我价值并建立起健康的情感观,他才算真正实现了人格独立。

那么,我们要如何做,才能实现人格独立呢?

❶ 自我认知:认识真实的自我

人格独立的第一步在于自我认知。了解自己的兴趣、能力、价值观以及人生目标,这有助于明确自我定位,并在此基础上形成独特的人格特质。以下是几个具体的方法。

(1)丰富自己的经历。不同的经历可以帮助我们更好地认识自己。比如,我们可以参加一些社团活动、志愿者服务或培训课程等,通过这些经历来探索自己的兴趣,挖掘自己的潜力。在实践中,我们会发现哪些领域让我们感到兴奋和充满活力,哪些领域让我们感到无聊和疲惫。

（2）探索未知领域。探索未知领域也是自我认知的重要环节。我们可以尝试一些从未接触过的事物，如学习一门外语、尝试某项运动或参加一个陌生的文化活动等。对于未知领域的体验能够使我们发现自己潜在的能力。

（3）拓宽视野。比如，阅读或旅行，不仅能拓宽我们的视野，还能丰富我们的内心世界。阅读不仅可以让我们增长知识，还能启发我们思考；旅行则能让我们接触不同的文化和风景，开阔眼界。这些经历会让我们更加全面地了解自己，最终形成自己的世界观。

❷ 精神独立：培养内在的力量

精神独立意味着一个人能够自主思考、自立自强、自主决策，不受外界干扰和影响，能基于自己的判断做出选择。要想培养出这种能力，我推荐以下几个具体的方法。

（1）不断学习新知识。我们可以选择一些感兴趣的书籍、课程或讲座，不断吸收新信息，不断进行分析和思考。这种持续的学习有助于培养独立思考的能力。

（2）提高批判性思维能力。批判性思维能力是指对信息进行客观分析和评估的能力。我们可以通过写作、辩论或参与讨论等方式来锻炼这项技能。在日常生活中，遇到问题时可以多问几个"为什么"，并尝试从不同角度审视问题，避免片面的看法。

（3）学会管理情绪。学会管理情绪是保持心理健康的关键。面对压力或困难时，我们可以通过冥想、瑜伽或其他放松技巧来缓解紧张情绪。此外，我们还可以与朋友或家人分享自己的感受，通过交流来减轻心理负担。保持积极的心态,面对挑战时保持乐观情绪,可以使我们更好地应对生活中的各种问题。

❸ 自我实现:追求个人价值的实现

自我实现是人格独立的重要表现形式之一。无论是追求事业成功还是投身公益事业,找到能够激发自己热情与潜能的事物,并为之不懈努力,都是自我实现的重要途径。以下是几个具体的方法。

(1)寻找激发热情的事物。找到能够激发自己热情与潜能的事物非常重要,这可能是一个职业目标、一个兴趣爱好,也可能是一个社会使命。当我们找到了方向,就会有无穷的动力。例如,如果你热爱绘画,那么可以努力成为一名画家;如果你关心环保,那么可以投身于环保事业。

(2)保持初心。在这个过程中,重要的是保持初心,即使遭遇挫折也不放弃。每一次尝试都是向着更加完善的自我迈进了一步。无论遇到多大的困难,都要坚信自己的选择,并为之不懈努力。例如,在追求事业成功的过程中,可能会遇到很多挑战,但只要保持初心,坚持自己的梦想并不断精进,就能够获得事业上的成就,获得个人成长。

(3)不断尝试与学习。在自我实现的过程中,不断尝试与学习也是非常重要的。每一次尝试都是一次学习的机会,即使失败了,也能从中吸取经验教训。通过不断尝试与学习,你会逐渐找到最适合自己的方向,并在这个方向上不断进步。

在自我认知、精神独立和自我实现三个方面做出努力,可以逐渐使我们实现人格独立。这不仅有助于我们在面对外部压力或诱惑时忠于和保持自我，还有助于我们在实现个人价值的过程中不断提升自我。

记住，每个人都有能力克服困难。只要我们愿意给予自己足够的时间和空间去成长和发展，我们就能够更加独立和自主。

吸引力法则：
爱自己是终身浪漫的开始

在这个信息爆炸的时代，各个短视频平台上的情感直播间仿佛是现代女性的"情感补习班"，主播们口若悬河地传授着各种"留人秘籍"——从穿衣打扮到言谈举止，从性格培养到恋爱技巧，一切的一切似乎都围绕着一个中心：如何更好地吸引并留住那个男人。这些方法在短时间内或许能够奏效，但真正能够维系一段关系的，并非单方面的讨好与迎合，而是彼此之间的相互吸引与认同。

长久的关系，难以靠无休止的迁就与牺牲换来。爱情，是基于相互吸引；而吸引，则源自双方的独立人格魅力与自我价值。当我们谈论吸引力时，其实是在强调如何成为更好的自己。唯有懂得珍惜与爱护自己，才能有力量去爱别人，并有能力分享自己的爱。

那么，我们究竟该如何爱自己呢？

当下，"爱自己"仿佛成为一种时尚潮流，许多人将其理解为一系列消费行为：购买昂贵的护肤品、衣服或者去旅行……不可否认，这些活动确实能在一定程度上为我们带来愉悦感，但对于"爱自己"来说，它们更像是一件"外衣"，而非内在和本质。真正的爱自己，不仅仅是打造一种精致的生活方式，还要理解并满足自己的内在需求。

真正的爱自己，意味着能清晰地认识到自己的人生目标，并为之不懈奋斗。也就是说，我们要在享受生活的同时，不忘对自己的未来负责。当我们明确了自己的方向，并愿意为之付出努力时，我们所展现出的魅力是无可替代的，因为这种魅力源于内心深处的力量与坚持。

真正的爱自己还包括对自己现状的认可与接纳。每个人都有优点和缺点，没有人是完美的。学会欣赏自己的独特之处，并勇敢面对自身的不足，这是成长过程中必不可少的一课。只有当我们不再苛求自己成为别人眼中的模样，而是坦然接受那个独一无二的自己时，我们才算在真正意义上学会了爱自己。

爱自己，首先意味着爱自己的身体。一个健康的身体是我们实现梦想的基础。试想，如果身体状况不佳，我们会感到疲惫不堪，甚至可能因此陷入焦虑与不安的情绪中，不仅会影响我们的心理健康，还会降低我们的思维敏捷度与决策能力。长此以往，这些不良影响将会渗透到我们生活的方方面面，使我们难以应对日常挑战。因此，关注并维护自己的身体健康至关重要。无论是规律的作息、均衡的饮食还是适量的运动，都能为我们心灵的宁静与精神的富足打下坚实的基础。

爱自己，就意味着我们要关心自己的心理健康。现代社会生活节奏快，我们保持情绪稳定显得尤为重要。拥有平和的心态、稳定的情绪，不仅能促进人际关系和谐，还能提升生活质量。我们要学会调节情绪，培养出积极乐观的生活态度，以更加从容的姿态面对人生道路上的各种考验。

爱自己，也意味着我们要不断提升自身的能力。唯有不断地学习与进步，才能确保自己在很多方面立于不败之地。无论是积累专业知识，还是提升人际交往的技巧，都可以让我们变得更加优秀且自信。在保持健康的同时，我们还应该勇于迎接挑战，积极寻求并抓住个人成长的机会，努力将自己塑造得强大且坚韧。内在的力量、自身的能力，将是我们在生活、工作中站稳脚跟的重要保障。

爱自己，还意味着我们要建立积极的人际关系。与正能量的人为伍，建立良好的社交网络，不仅能为我们提供必要的支持，还能在关键时刻使我们获得宝贵的建议与帮助。选择与志同道合的朋友同行，共同创造美好的未来，这本身就是一种爱自己的方式。

最后，学会享受生活是对以上所有爱自己的努力的最好回馈。我们拥有了健康的身体、平稳的情绪、强大的能力和积极的人际关系之后，便可以更加从容地去体验生活的美好。无论是品尝美食、欣赏美景，还是享受一段静谧的美好时光，都是在提醒我们：爱自己，就是让每一个平凡的日子都充满意义。

当我们学会爱自己，我们便不再需要通过取悦他人来证明自己的价值。真正的吸引力，来源于我们内心的强大与自信，来源于我们从容不迫的态度。爱自己，不仅是终身浪漫的开始，还是通往美好生活的必经之路。无论我们是在追寻爱情、友情还是在事业发展的道路上，请记得：最好的伴侣和朋友，永远是那个不断提升、不断完善的自己。

沉没成本效应：
及时止损，别为错误恋情买单

> 小雅与阿杰相恋五年，他们性格迥异。小雅热爱艺术，向往自由，对物质的需求不高；阿杰则追求物质上的成功，毫无生活情趣。尽管意识到彼此在这些方面有些不合适，小雅仍因舍不得多年投入的青春而犹豫，而且，她认为婚后两个人经过磨合，有可能变得合适。在家人的催促下，两人结婚了。
>
> 然而，婚后生活并不如预期。两人在生活中分歧不断，争吵频发。最终，小雅意识到：如果自己执着于过去的付出继续维持婚姻，那么只会给双方带来更大的痛苦。在一个秋日傍晚，小雅决定放手，勇敢追寻属于自己的幸福。

身处一段恋爱关系时，我们肯定希望双方的感情能够开花结果。然而，现实有时并不尽如人意。我们投入了大量的时间和精力，却仍然看不到任何希望时，就不得不面对一个艰难的选择：是否要继续坚持下去？这时，理解"沉没成本效应"就显得尤为重要了。

简单来说，沉没成本就是那些已经投入且无法收回的成本。在恋爱关系中，沉没成本指的是在一段感情中已经投入的时间、精力、金钱以及情感。我们往往因为不愿意让这些付出打水漂，而选择继续维持一段实际上已经没有未来的关系。拿上文中小雅和阿杰的关系来说，他们在恋爱时投入的五年青春，就是他们的沉没成本。

当我们意识到一段感情明显不合适时，最明智的选择是及时止损，而非继续执着于已经投入的沉没成本。持续不断地付出而没有相应的回报，只会让人陷入更深的痛苦，最终可能导致心理上的创伤累积。因此，及时抽身不仅能够保护自己免受进一步的伤害，还可以帮助我们尽快摆脱负面情绪，为新生活的开始创造条件。

人生短暂，每个人都应该将有限的时间和精力用于那些对自己真正有意义的事情上，一段错误的恋情只会无谓地消耗宝贵的时光，甚至让我们错过很多美好的人或事。当关系不再健康时，勉强维持只会让我们逐渐失去自我；而勇敢地放手，则可以让我们重新找回自信与尊严，以更好的状态迎接未来。总之，对于不合适的感情，如果能果断选择退出，就是对自我价值的最大肯定，也是对未来幸福生活的积极准备。

在感情中，女性往往因为情感细腻而更容易陷入沉没成本的陷阱，即因不愿放弃已投入的时间、精力或感情而不愿离开一段实际上已经不再有益的关系。那么，我们如何识别沉没成本并摆脱它的束缚？

❶ 自我反省与认知升级

首先,我们需要审视自己是否处于一段不健康的关系,包括但不限于情感虐待、忽视个人需求、缺乏相互尊重和支持等。若我们在一段关系中经常感到疲惫不堪、沮丧甚至焦虑,很可能就是关系出现了问题。

其次,我们要对目前的感情状况做客观公正的评价。试着列出关系中的积极因素与消极因素,并审视消极方面是否超过了积极方面。我们要对自己保持诚实,避免美化过去或者对未来抱有过高期望。

❷ 建立个人边界

要确定哪些行为是可以接受的,哪些是不可容忍的。要明确地告诉伴侣你的底线在哪里,并坚持维护自己的权益。如果对方反复破坏你建立的边界,那么就可能意味着你需要重新考虑这段关系的价值。

❸ 寻求外部支持

和信任的朋友或家人分享你的感受,听取他们对你这段关系的看法。有时,旁观者清,他们能提供不同的视角帮助你看清现实。此外,如果你觉得很难独自处理一些复杂的情绪和关系,不妨寻求专业人士的帮助。专业人士可以提供客观的建议和支持,还可以帮助你制订行动计划。

❤ 4 培养独立性

发展个人兴趣爱好，扩大社交圈子。这样，即使没有伴侣的支持，你也能够感到快乐和满足。独立性不仅能增强你的自信心，还能够在必要时让你有勇气退出不健康的关系。

❤ 5 学会放手

要承认有些事情是无法改变的事实，即使再努力也无法挽回已经失去的爱情。要学会宽恕自己与他人。宽恕不是为了对方，而是为了自己。放下怨恨，原谅那些曾经伤害过你的人，同时也原谅自己曾经的选择。将注意力转向未来，设定新的目标。

记住，结束一段不适合的关系是为了给更好的人腾出空间。

❤ 6 积极行动起来

一旦决定离开，就要果断采取措施。这可能包括断绝联系、处理共同财产等。虽然最初你可能会很艰难，但是随着时间的推移，你会逐渐恢复过来，甚至发现生活变得更加美好。

通过上述步骤，女性不仅能够识别感情中的沉没成本并摆脱它的束缚，还能够在过程中获得成长，学会更加爱自己，以及如何在未来的关系中维护自身利益。每一步都需要勇气与决心，但最终带来的将是更加健康、平衡的生活状态。

爱情不是一场赌博，不应该用"输赢"来衡量其价值。一段健康的恋爱关系应该是双方共同努力的结果，而不是单方面的妥协与牺牲。当你意识到自己正在为一段错误的恋情买单时，请勇敢地说"不"！学会放手，是为了给自己一个更好的未来。让我们一起拒绝沉没成本效应的影响，勇敢地追求真正属于自己的幸福！

过度补偿心理：
"倒贴"的代价与自我价值重建

"我为他精心挑选了一套名牌西装，看到他穿上时的笑容，我觉得一切都值了。"梅莉轻声说，话语中藏着一丝不易察觉的苦涩。为了这份惊喜，她刷爆了信用卡，但这并不是她第一次为取悦男友而牺牲。

与阿宋相识的半年里，梅莉在这段感情上投入了近十万元。除了金钱，她还放弃了自己的兴趣——画画，陪他参加不感兴趣的聚会，并辞去稳定的工作，转而从事收入锐减但时间更灵活的职业。

实际上，梅莉出身于普通家庭，每一分钱都来之不易。在她的成长过程中，父母的高要求让她长期感到自卑。爱情来临时，她希望通过物质与妥协来获得对方的认可。然而，梅莉的付出并没有使感情升温，也没有使她收获甜蜜的爱情。随着时间流逝，阿宋的态度反而越来越冷淡。

女性朋友们，请注意：像梅莉这样在情感世界里"倒贴"是非常不可取的行为。

当我们在一段关系中经常采取"倒贴"行为，就可能意味着我们内心深处有不安全感或者自卑感，这种行为反映了我们对于获得他人认可与接纳的强烈渴望。而且，"倒贴"行为所带来的危害远超其表面上所呈现的经济上的付出。

（1）自我价值的贬低。不断地在经济或其他方面付出，而没有得到相应的尊重和爱护，会使我们感觉自己不被珍视，进而加重内心的不安全感。长此以往，这种不平衡的关系模式可能导致自尊心受损，形成一种恶性循环。

（2）关系中的不平等地位。当我们习惯性地、不求回报地付出时，对方很可能会逐渐失去感恩之心，甚至开始认为这种付出理所当然。久而久之，这种单方面的奉献会让我们与对方处于不对等的地位，伴侣关系应有的平衡状态会遭到破坏。

（3）潜在的操纵与控制。有些情况下，"倒贴"行为可能会被对方利用，成为他们操纵和控制我们的情感及财务的手段。一旦陷入这样的陷阱，我们就可能难以抽身，或者有可能付出很大的代价。

（4）情感依赖与丧失自我。过分关注对方需求而忽略我们自身的感受，容易导致个人身份模糊不清，甚至丧失自我。当我们的行为完全出于取悦他人的目的时，我们就会失去作为独立个体存在的意义。

读到这里，或许有些女性朋友会说："作为女性，我当然不愿'倒贴'，也很清楚这样做会带来什么后果，但我就是无法控制自己，因为我太在乎他了。我害怕他会离开我，这该怎么办呢？"这种心态正是我们之前讨论的人格不独立的表现。人格不独立，则意味着我们需要依赖他人，特别是依赖某个男性或一段感情。

实际上，生存的基本需求仅限于食物等物质条件。人的精神追求多种多样，并非只有爱情。许多人终其一生也没有遇到所谓的爱情。我们需要坦然接受一个事实：爱情并不是生活的必需品，而是被媒体和某些社会观念塑造成了不可或缺的一部分。然而，这些观念是可以改变的。重要的是要认识到，无论有没有爱情，每个人都有价值，都能够独立地生活并找到属于自己的幸福。

所以，面对上述问题，女性朋友们需要积极采取措施，从根源上找到"倒贴"背后的心理动因，实现自我价值的重建。具体方法有以下几种。

（1）认识并接受真实的自我。我们每个人都不是完美的，但都有自己的优点和闪光点。尝试列出自己的优点、成就以及让自己感到骄傲的事情，并经常回顾它们，以此来强化自我认同感。同时也要认识到自己的不足之处，并努力改进，但不要因此否定自我价值。

（2）培养健康的关系。学会区分自我与他人的责任范围，合理拒绝对方超出我们能力范围或不符合我们个人利益的要求。我们要明确哪些是可以接受的行为，哪些是不可以接受的。这不仅包括物质方面，还包括时间、精力等方面。同时也要通过沟通清楚地表达自己的期望和底线。

（3）发展独立的兴趣与生活圈子。拥有自己的兴趣爱好可以让我们更加充实快乐，同时也能够展示出我们独特的个性魅力。此外,拓宽社交范围,结识不同背景的朋友,可以帮助我们从多角度认识自我,增强自信心。

(4)追求事业上的成功。我们可以将精力从感情关系中适度抽离,把它投向事业,通过事业来实现自我价值。当我们真正踏上追求成功的旅程时,或许会发现,我们曾经视为一切的爱情其实只是生命中的一部分而已。实际上,人生的美好风景远不止于此。

总之,重建自我价值是一个漫长而复杂的过程,它要求我们勇敢面对内心的脆弱与恐惧,并通过积极行动逐步改变现状。只有当我们学会爱自己时,才能更好地理解并享受真正意义上的爱情。

记住,爱情应该是两个人相互扶持、共同成长的。如果你发现自己正在像梅莉一样不断牺牲自我,那么请勇敢地停下来,审视这段关系是否真的值得继续。唯有不断审视和纠正,才能找到真正适合自己的幸福之路。

第二部分

爱情博弈——情感世界中的智慧与策略

第二章 选择伴侣的心理学:理性评估与情感共鸣

互惠原理：
六个步骤赢得对方的真心

互惠原理是一个心理学概念，它指的是人们在社交互动中往往会自然地回报他人的好意。这一原则不仅适用于日常的人际关系，还适用于恋爱关系。每位女性在寻找伴侣时，可能都会倾向于选择优质的对象，然而，这些优质的对象同样也有他们的期待。毕竟，人与人之间的情感交流是相互的——真心需要以真心换取。下面，我们通过探讨互惠原理，介绍六个有助于我们赢得心仪男士的心的方法。

1 建立共鸣，拥有相似的价值观

人与人之间最能拉近彼此距离的，莫过于一个"懂"字。相比一句"我爱你"，"我懂你"更能深入人心，因为它意味着对对方需求与价值观的理解。因此，要想"俘获"心仪男士的真心，首先要做到的就是"懂他"，并与他的价值观保持一致。要做到这一点，我们首先要了解他的兴趣和喜好，从而发现彼此间的共同点。

比如，你可以和他一起谈论周末的安排、阅读偏好或旅行体验，以寻找可建立共鸣之处。如果发现彼此都热衷于户外徒步，那么就可以分享徒步经历；如果他是一位艺术爱好者，则可以和他聊聊你参观过的艺术展览。除此之外，还可以通过分享彼此的人生观和价值观来深化关系，比如，当你发现你俩都十分重视家庭与友情时，你可以真诚地说："我发现我们都很重视家庭与朋友，这让我感觉非常亲近。"这样的沟通方式有助于为双方构建起深层次的精神纽带。

❷ 真诚赞美，欣赏而非奉承

人都喜欢听赞美的话，这是出于天性，正所谓"良言一句三冬暖，恶语伤人六月寒"。恰到好处的赞美不仅能令对方心生欢喜，还能在恋爱中为对方提供宝贵的情绪价值，使其心情愉悦，同时，这也是人际交往中高情商的体现。然而，需要注意的是，赞美应当发自真心。具体而真诚的表扬比空泛的恭维更能让人心动。

比如，在对方向你分享了一段克服困难的经历后，你可以这样说："我真的很佩服你在面对那么大的压力时仍能保持冷静，这对于解决问题至关重要。"同时，你也可以强调对方给自己带来的积极影响，你可以说："在我遭遇挫折时，你的乐观态度激发出了我的信心和斗志。"这种赞美方式不仅能

> 让对方感受到自己的重要性,还进一步增强了彼此间的情感联系。

❸ 慷慨给予,不求回报地付出

在爱情中,每个人都渴望得到伴侣的关心与爱护,男性亦不例外。要给予对方支持,在他需要帮助时伸出援手,哪怕只是倾听,也能让他感受到来自你的体贴和温暖。

> 比如,得知他在工作上遇到挑战时,你可以主动提议:"如果你需要,我可以帮你一起分析和解决这个问题。"

此外,创造美好回忆同样重要,可以通过策划特别的活动来加强彼此的情感联结。

> 比如:筹备一场惊喜约会,挑选一家他未曾体验过的餐厅;和他一起听一场他期待已久的音乐会……这些用心之举都在向他表明,你珍视他的感受,并乐于投入时间与精力创造属于两人的甜蜜记忆。

❹ 倾听并理解,成为最好的听众

在与伴侣交流时,全神贯注地倾听是非常重要的。当对方与你交谈时,尽量放下手机或停下手中正在做的事,给予他你全部的注意力；通过保持眼神接触、点头示意等非言语行为，向他表明你在认真聆听；有效的反馈也不可或缺，适时地重述对方的观点可以帮助确认自己的理解是否准确；提出相关问题则能进一步表达你对谈话内容的兴趣与重视……这样做，不仅能加深彼此的理解，还能让对方感受到真正的尊重与关爱。

❺ 共同成长，携手进步

为了加强彼此间的情感联结，可以尝试设定共同目标。比如，一起学习新技能或一起参与志愿服务活动，这样的活动不仅能增加双方的默契，还能让双方在追求梦想的道路上相互扶持。

在这个过程中，相互间的激励尤为重要，应不断地为对方加油打气，并共同庆祝每一个小成就，这些积极的互动会使每一个进步都充满意义。看到伴侣因自己的鼓励变得越来越自信，我们的内心也将获得极大的满足感。

❻ 感恩回馈，珍惜每一份善意

在情感世界中，我们要认识到他人对自己的好并不是义务，而是源于爱与关怀，每个人都拥有不对他人好的权利，因此，在关系中不应一味索取，付出同样重要。同时，我们也要懂得珍惜他人的善意与情感。所以，及时向对方表达感激非常重要，哪怕只是一件小事，我们也应真诚地道一声"谢谢"。比如，"谢谢你今天陪我去医院看望奶奶，有你在身边真好"，这样简单的言语能令对方感受到被珍视的温暖。此外，适时地通过赠送小礼物来表达感激之情也不失为一种好的方式。礼物无须太贵重，哪怕只是一本书籍，只要是精心挑选的，就能很好地传达你对这段关系的重视与感恩。

综上所述，在探寻真爱的路上，互惠原理是一种维持双方关系平衡与和谐的有效策略。通过以上六个方法，我们不仅能够赢得心仪对象的心，还能够在这一过程中深化相互之间的理解和信任。重要的是，这些方法并非仅适用于追求爱情，它们是构建所有健康的人际关系的基石。记住，真正的爱基于平等与尊重，它要求我们不断地学习与实践，用心感受并传递美好的力量。当两人之间形成了良性的互动、循环，就会自然而然地营造出一个充满爱意与温馨的情感空间，让彼此的心灵得以安放与依靠。

场合依存效应：
如何通过逛街看清男友的"底色"

逛街购物，对于大多数情侣来说，不仅仅是一种消费行为，还是情侣间增进了解的重要途径之一。两人共同漫步于街道，转一转，看一看，买买东西，既能放松心情，又能增进彼此的感情。然而，很少有人意识到，逛街其实也是一场隐秘的心理测试——通过观察对方在特定环境下的行为举止，我们可以更好地了解对方的性格特点、处事态度甚至是未来相处的可能性。本小节从场合依存效应的角度出发，探讨如何在逛街的过程中看清男友的"底色"。

心理学中的场合依存效应是指个体在特定环境中形成并储存的记忆，当再次置身于相似的情境时，这些记忆便会自动浮现。逛街时的情景便是一个典型例子。当你与男友走在热闹的商业街区，周围的声音、色彩、气味以及人群都会成为背景信息，并在无形中影响着你们的心情及决策。而此时，男友的表现则成为你了解他真实性格的关键线索。

那么，我们如何通过逛街看清男友的"底色"呢？

❶ 对购物的态度

要了解一个人是否真正关心你，可以通过观察他在你购物时的表现来判断。具体来说，你可以看他是否愿意耐心陪伴你。一个真心在乎你的人会努力满足你的需求，并愿意花时间陪你一起挑选商品，尽管他可能对此并无太大热情。同时，你也要留意他对消费的态度——他是理性且节俭，还是倾向于随意挥霍？对方的消费观往往直接反映了他对金钱的态度和理财习惯。

> 比如：在购物的过程中，你可以观察他是否愿意等待你挑选满意的衣物；在面对不同价位的商品时，他的反应如何，他是建议你寻找性价比更高的商品，还是毫不犹豫地选择高价的商品；等等。

通过细节，你可以更好地了解他的性格特点以及你们之间的生活观、价值观是否契合。

❷ 处理突发情况的能力

你可以通过观察对方在遭遇意外状况时的行为，评估对方的情绪控制能力和解决问题的能力。

> 比如，在找不到停车位或是就餐时面临长时间排队等位的情况下，看他是冷静平和，还是焦躁不安。更重要的是，他是否会尝试积极地寻找替代方案来解决问题，而不是单纯

地抱怨或是干脆放弃。

再比如，当了解到停车场不好停车时，他是提议去另一个地方停车，还是把公共交通作为备选方案；当在餐厅等位排队时间太长时，他是建议改天再来，还是查找是否有其他分店。

通过这些小事，你可以观察对方在这些情况下所展现出的态度和处理问题的方式，可以了解对方的抗压能力和面对挑战时的态度等。

❸ 对待陌生人的态度

要想衡量一个人的品性与教养，可以留意他如何对待服务场所的店员等。真正的尊重和礼貌不仅体现在言语上，还体现在日常的行为举止中。你要观察他在与这些人交流时是否始终保持礼貌和尊重。

比如，他是否会耐心听取对方的介绍，是否使用礼貌用语，如"谢谢"等，以及在对话时是否有耐心等。

再比如，他是如何提出请求、回应帮助以及处理任何可能发生的误会或不满的。

通过分析他在与陌生人交流时展现出来的态度——真诚、友善或傲慢、无礼，你可以窥见其价值观等，也可以评估其人格魅力。

4 决策时的表现

你可以通过观察其在日常生活中的具体行为等来获得线索，评估对方的决断力和诚信度。

> 比如，在选择商品时，你可以观察他能否迅速做出决定，这反映了他是否有清晰的目标和较强的自我信念。如果他在挑选商品时犹豫不决，或是容易受营销策略的影响，那么这可能表明他在某些情况下缺乏主见。
>
> 此外，观察他在做决定前后的言行是否一致也非常重要。如果他通过一系列比较、分析最终选择了某个商品，但在之后又改变了主意或出现后悔的情绪，这可能表明他对自己所做的决定缺乏信心。

一个能够在面对选择时快速、理性地做出决定，并且在事后坚持自己的选择而不轻易动摇的人，通常会更加可靠和值得信赖。这样的品质在一个伴侣身上尤其重要，预示着这个人能够在重要的生活决策中保持坚定，并且对自己的承诺负责。

5 关注细节的程度

在日常相处中，一个男人是否细心、体贴，往往体现在他是否能留意到你感兴趣的事物，是否能主动为你提供帮助或建议。

> 比如，在购物时，如果他能察觉到你对某件商品比较关注，并且能基于你的兴趣给出合理的建议，而不是仅仅沉浸在他自己的世界里，那么这样的品质无疑会让人感到温暖与被重视。这种细心、体贴不仅体现在他是否能够注意到你感兴趣的商品上，还体现在他是否愿意主动提出建议，甚至是在你未察觉的需求上提出他的看法。观察他在这些细节上的表现，比如他是否足够细心，是否愿意主动为你考虑，以及他是否具备那种让人感到舒适与被关怀的品质。这种细心与体贴，对于构建一段和谐的关系来说，是非常重要的加分项。

综上所述，逛街看似简单，实则蕴含着丰富的人际交往学问。通过逛街，我们能更好地了解对方的性格特质，还能促进双方的情感交流。然而，最重要的是，要记得：无论结果如何，在交往时要与对方真诚相待、平等沟通，要从多个角度去观察和理解对方，这样才能在爱情之路上走得更加稳健。

三大心理学技巧，
辨别他的追求是真心的还是"广撒网"

对于爱情，每个人都希望能够找到一个真正对自己倾心的人。然而，在恋爱过程中，有些男性会采取"广撒网"的方式追求多个女性，而不是专一地追求某一个人。尽管这种行为对女性来说有些难以理解，但这是客观事实。

男性"广撒网"的追求，可能是为了提高成功概率——在不确定哪个对象会回应的情况下，同时接触多个对象，可以增加最终获得积极回应的机会；也可能是为了减少拒绝带来的负面影响——如果只专注于一个人，一旦遭到拒绝可能会产生很大的挫败感。"广撒网"的方式可以分散这些风险，即使某次尝试失败了，还有其他机会。

那么，女性在与男性交往时，该如何辨别对方是真心追求自己，还是自己仅仅是对方"广撒网"的对象之一呢？我们可以通过以下三个实用的心理学技巧，判断对方的真实意图。

❤ 心理学技巧一：一致性与连贯性

在人际关系中，一致性是指一个人的行为与其所表达的观点、态度一致；而连贯性则体现在一个人是否能够在不同情境下保持一致的态度与行为。这两个概念对于判断一个人是否真心诚意至关重要。如果一个男性在追求你时，其言行始终如一，并且在各种场合下都能展现出对你的关心和爱护，那么他很可能是真心的。相反，如果他的言行前后矛盾，或者在不同的情境下的表现截然不同，那么他可能是在"广撒网"。

> 如果一个追求你的男性平时经常通过微信问你今天过得怎么样，吃的什么饭，但当你真的生病时却没有一句问候或关心的话，也没有实际的举动，这显然在言行方面缺乏一致性。这种情况表明他在日常生活中并没有真正关心你，只是说说而已。真正的关心应该体现在实际行动中，尤其是在你需要帮助的时候。
>
> 如果一个男性平时对你非常热情，但在聚会或社交场合中，一旦遇到其他女性，他的注意力就立刻转移到对方身上，这说明其态度缺乏连贯性。这种行为表明他对你的热情并不稳定，也不够真诚。一个真正喜欢你的人，会在各种情境下都保持对你的关注和热情。

心理学技巧二：深度与频率

在人际关系中，深度指的是沟通交流的程度，而频率则指沟通发生的频次。一个真正喜欢你的人会在交流中展现出深层次的思考，表达真实的内心感受，并且愿意频繁地与你保持联系。相反，那些有更多追求对象的人，和你的沟通往往只会停留在表面上，并且不会花费太多时间和精力与你保持联系。如果一个男性既能在交流中和你进行深层次的情感沟通，又能在日常生活中频繁地与你保持联系，那么他很可能是一个真心喜欢你的人。

> 例如，一个真正喜欢你的男性会关心你的内心世界，询问你的想法、感受和梦想。如果一个男性总是问一些肤浅的问题，比如"你在干吗？""吃了没？"而不愿意深入了解你的兴趣所在或对未来的规划，那么他的沟通是缺乏深度的。真正喜欢一个人的人，会努力了解对方的内心世界，并与之建立更深的情感连接。
>
> 如果一个男性只是偶尔发信息给你，那么他对你的关注频率也是不够的。一个男性如果真正喜欢你，会愿意花时间和精力与你保持紧密的联系。
>
> 如果一个男性他不仅关心你的日常琐事，还会与你探讨更深层次的话题，如共同的兴趣爱好、双方对未来的规划等，并且会经常发信息或打电话给你，关心你的近况，并分享自己的生活点滴。这种全方位的关注表明他对你的重视程度非常高。

心理学技巧三：付出与回报

在人际关系中，付出是指一个人为这段关系投入了多少时间和精力，而回报则是指这个人期望从这段关系中获得什么。一个真正喜欢你的人会尽可能地为你付出，并且不会过分强调自己的付出或要求立即得到回报。这种付出不仅体现在物质方面，还体现在时间和精力方面。相反，那些采取"广撒网"策略的人往往不愿意对你投入过多，同时还会试图通过一些小恩小惠来换取更多的回报。

> 如果一个男性只是偶尔发红包或者请你吃饭，并且每次都暗示你应该做出某种回应，那么他可能就是在计算在这段关系中的"投入产出比"。这种行为表明他并没有真正关心你，而是希望通过这些小恩小惠来获取更多的回报。
>
> 而如果一个男性经常送你礼物、陪伴你度过重要时刻，并且从不以此作为筹码要求你做些什么，那么他的这种付出就是源于内心的真诚，而不是为了换取某种回报。他可能是真心喜欢你。

在这个充满不确定性和快速变化的时代，寻找真爱的过程往往伴随着诸多挑战。然而，通过运用上述心理学技巧，检验对方行为的一致性和连贯性，观察对方与自己沟通的深度和频率，以及留心对方对付出与回报的要求，我们便能够找到为自己指引方向的线索。真诚的爱情不应建立在模糊不清的基础上，而应当根植于相互理解、相互尊重和相互支持。当你通过上述心理学技巧学会慧眼识人时，你不仅能够保护自己免受伤害，还能为真正的感情留出空间。在这个过程中，最重要的是保持自我，坚持内心的标准，并勇敢地追寻那份专属于你的、纯粹而不掺杂任何水分的爱情。

依恋理论：
男性心理大揭秘，看透他的底层需求

在爱情的世界里，每个人都想找到那个能真正懂自己、支持自己的人。深层次的感情连接不只是因为对方外表好看或者二人一时兴趣相同，而是建立在一种人类基本的需求——依恋需求上。说得直白点儿，就是我们心中对安全感、归属感和情感支持的渴望。深层次的连接不仅能让我们感觉到被爱、被接纳，还能在我们遇到困难时给我们心理上的依靠。

谈到依靠，许多女性默认应该由男性来为自己提供依靠。但是，现在很多女性都投身于社会，参加了工作，实现了经济独立。因此，有些姐妹可能会说："我们根本不需要依靠男人。"

然而，在许多人的观念中，还是会认为恋爱中的男性应该给女性提供某些仪式感，给予经济上的支持，提供情绪上的价值等。这反映的是一种心理依恋，而不是传统意义上的经济依靠。毕竟，在恋爱的过程中，每个人都会产生一种心理上的依恋，这也是恋爱的乐趣所在。

但是，你有没有想过，作为我们伴侣的男性需要什么呢？男性在恋爱中所寻求的那种依恋感是什么呢？

> 有一次，一个好友和我吐槽她的异地恋男友不够主动。她说他很少主动给她打电话，这让她感觉自己不受重视，经常为此和他争吵，甚至考虑过分手。她是真的很在乎他，所以才会这么焦虑不安。就像《诗经》里说的："纵我不往，子宁不嗣音？"用现在的话说就是，就算我不去看你，难道你就不能给我打电话关心我吗？
>
> 但从她男友的角度来看，事情就不一样了。那时他的单位刚换了个新领导，新领导一上任就开始大刀阔斧地改革，给他安排了一大堆额外的工作，搞得他每天都忙得不可开交。好不容易处理完一堆工作，他正想喘口气、喝口水放松一下，结果接到了女朋友的电话。还没等他开口，就被女朋友劈头盖脸地数落了一顿，抱怨他不够关心她。他听得一头雾水，根本不知道哪里得罪了她。最后只好好言安慰她，并定好闹钟提醒自己给女朋友打电话。在他看来，这样做已经是在尽力表现他对她的爱了，但他也需要一点儿自己的休息时间啊。而自己的女朋友，虽然口口声声说着深爱自己，表现出来的却全都是质问和数落，好像自己做得很糟糕一样。她说她爱他，言行中却没有体现出来，因此他也感到不舒服。

很多时候，我们都习惯从自己的角度看问题，很难设身处地从对方的角度着想。这是人之常情，也是自然而然的事。但当谈论爱情时，我们要明白：真正的爱情是给予，而不是一味地索取。当你爱一个人的时候，你希望他过得好，而不是逼着他满足你的各种需求，以至于让他感到痛苦。

因此，我们在恋爱中更应该做的是了解对方喜欢什么，以对方期待的方式去爱他、理解他、关心他。这不仅能帮助我们建立更健康的关系，还能让双方都感到幸福和满足。

现在让我们回到心理学上的依恋理论。依恋理论最初是由英国的心理学家约翰·鲍尔比提出的，后来有多人进一步发展了这个理论，包括一个人童年时和父母的关系，以及成年后与伴侣的关系。这个理论说的是，人天生就有和别人建立紧密关系和心理联系的需求，特别是在小时候，和父母或者其他照顾者之间的关系会对我们长大后的人际关系有着很大的影响。人类的依恋模式大致可以分为以下四种。

❶ 安全型依恋

这类人通常在关系里感觉很踏实，愿意相信对方，也很愿意打开心扉。这是因为他们在童年时期得到了稳定的关爱和支持，拥有了积极的依恋体验。父母或其他照顾者给予了他们足够的关注和回应，让他们从小就学会了信任他人，感到自己是被重视和爱护的。

❷ 回避型依恋

这类人不太喜欢太亲密的关系，有时候会觉得依赖别人不舒服，甚至会主动保持一定的距离。这通常是因为他们在成长过程中没有得到足够的关注和支持，父母或者其他照顾者对他们的情感需求反应冷淡。由于缺乏温暖的互动经历，这些人可能学会了自我依赖，他们认为不需要过多依赖他人也能过得很好。

③ 焦虑矛盾型依恋

这类人在关系里常常觉得不安全，总是担心被抛弃，需要很多关注和确认。如果在童年时期父母或其他照顾者的回应不稳定，比如有时候非常关注孩子，有时候却忽略了孩子的需求，就会导致孩子内心产生不安全感，使他们成年后对于某些关系过度敏感和担忧。

④ 未分类型依恋

这类人的行为模式不太稳定，可能会在不同的时间表现出上面提到的三种类型的特点。这可能是由于他们在成长过程中经历了复杂多变的情感环境，导致他们无法形成一种稳定的依恋模式。他们可能在某些时候表现出安全型依恋的特点，而在其他时候又表现出回避型或焦虑矛盾型依恋的特点。这种不确定性通常源于他们童年时期的抚养环境不一致或混乱。

幼年时的依恋模式会影响我们成年后在恋爱中的表现。如果你属于安全型依恋，你就会觉得即便对方不在自己身边等，自己也挺自在的；如果你属于回避型依恋，你可能就不那么愿意靠近对方；如果你属于焦虑矛盾型依恋，你可能会特别需要对方的安慰和支持……所以，了解这些依恋模式能帮我们更好地理解自己和伴侣在关系中的行为，进而找到更加有效和贴心的相处方式。那么，我们应该如何做呢？

一、识别伴侣的依恋模式

❶ 观察他的日常行为

我们在识别伴侣的依恋模式时,观察他在关键时刻的行为非常重要。当伴侣遇到压力或不安时,你可以留意他是倾向于寻求帮助还是更愿意独自解决问题。此外,你还要观察他是否会主动寻求拥抱或安慰。在日常生活中,留意伴侣如何与你互动也很关键。他是主动分享自己的想法和感受,还是需要你主动询问他才分享?这些行为习惯可以为我们提供宝贵的线索,帮助我们了解伴侣的依恋模式。

❷ 倾听他的故事

为了更好地了解伴侣的依恋模式,你可以听他讲述童年的经历,特别是他与父母或其他照顾者之间的互动。了解他与父母是否建立了稳定而温暖的关系,是否被父母忽视,与父母关系疏远。同时,询问他在成长过程中遇到的主要挑战是什么,以及这些经历如何影响了他现在的情感状态。了解这些,有助于我们洞察对方的依恋模式形成的背景,从而更好地理解他在当前关系中的行为和需求。

❸ 进行开放式对话

为了深入了解伴侣的依恋模式,我们还可以与对方进行深入的对话,询问他在关系中最看重什么,最害怕什么,这有助于我们更好地理解他的内在需求和恐惧。我们也可以通过分享自己的经历和感受，与伴侣建立情感共鸣，让他感到被理解和接纳，这对于增进彼此的理解和信任非常重要。

❹ 使用问卷调查

为了更科学地了解伴侣的依恋模式，你可以推荐伴侣做一些有关依恋模式的专业问卷，这些问卷可以帮助你确定他的依恋类型。之后，你可以与对方一起讨论问卷结果，了解彼此的依恋模式，并探讨它们对你们的关系意味着什么，这有助于加深彼此的理解和联结。

二、根据依恋模式调整相处方式

❶ 安全型依恋

（1）特点：对于安全型依恋的人来说，他们通常在关系中感到安心，愿意信任对方，并表现出较高的情感开放度。

（2）相处建议：与这类人相处时，你可以通过分享个人的感受和经历来加深彼此的联结，但记住，要给予对方空间，让他自由地表达自己的想法和需求。保持开放的沟通，鼓励他表达自己的感受，并确保他知道你是值得信赖的。同时，鼓励他追求个人梦想，表明你支持他不断成长。

❷ 回避型依恋

（1）特点：这类人倾向于避免过于亲密的关系，可能会对依赖他人感到不舒服,有时甚至会主动拉开距离。

（2）相处建议：与他相处时，重要的是要尊重他的个人空间，不要强迫他分享他不愿意透露的信息。如果他不愿意谈论某些话题，你就不要强行要求他分享。同时，你还可以通过稳定的支持和理解来逐渐建立起信任感。你和他可以共同做一些事情，如散步、看电影或是简单的户外运动，这些事情不需要太多的情感投入，但可以让你们享受彼此的陪伴，让他感到与你在一起是轻松愉快的。

❸ 焦虑矛盾型依恋

（1）特点：这类人在关系中往往表现出高度的不安全感，担心被抛弃，需要更多的关注和保护。

（2）相处建议：与这类人相处时，需要给予更多的关注和肯定，确保他认为你是可靠的。当他需要你时，你要尽量迅速响应他的需求，无论是通过电话、短信还是面对面的交流。另外，你还可以通过一贯性的行为展现你的可靠性，比如始终按时赴约、信守诺言等。你也可以和他进行定期沟通，确认彼此的感受，帮助他减轻内心的不安。当他感到不安或焦虑时，你要认真倾听他的感受，不要急于给出解决方案，而是先表示理解和同情，而且，你要经常使用肯定的话语来表达你的爱和支持，比如"我很在乎你""你对我很重要"等。通过这些具体的做法，你可以使焦虑矛盾型依恋的伴侣感到更加安心和被重视。

❹ 未分类型依恋

（1）特点：这类人的行为模式不太稳定，可能会在不同的时间呈现出上述三种类型的不同特征。

（2）相处建议：与这类伴侣相处时，最重要的是保持耐心和理解，尝试适应他经常变化的需求。为他提供一个安全的环境，让他感到被接纳和被支持。通过定期沟通来了解他当前的感受，并根据情况灵活调整双方的相处方式。

了解伴侣的依恋模式是建立深厚情感的关键步骤。通过观察、倾听和对话，我们可以更好地理解伴侣的需求，并据此调整我们的行为。记住，每个人都是独一无二的，了解伴侣的依恋模式只是开始，更重要的是不断调整和适应，共同努力，营造一个充满爱和支持的关系。

在这个过程中，我们需要保持耐心和理解，不断地探索和学习如何更好地支持彼此。无论是通过日常的互动还是在关键时刻的支持，每一小步都是向着更加稳固和满意的关系迈进。随着对伴侣依恋模式的深入了解，我们能够更加敏锐地察觉到对方的需求，并采取相应的行动来增强彼此的信任和亲密感。

记住，建立起充满爱和支持的关系不是一蹴而就的事情，需要双方共同努力和持续付出，不断地调整和适应，这样，无论是在顺境中还是在逆境中，双方都能相互扶持，共同成长。

第三章 恋爱中的亲密与独立

恋爱心理小剧场：约会迟到、口是心非……恋爱中的心理小动作大揭秘

男性在追求心仪的对象时，总会有些小心思让人捉摸不透。本小节就来揭秘那些隐藏在男性约会迟到、口是心非背后的真相，帮助你更好地理解男性心理。

♥ 第一幕：约会迟到——无意还是有意？

约会当天，明明约定好下午两点见面，结果对方却迟到了半小时。这看似不经意的行为背后，其实可能藏着男性复杂的心理。

（1）展示自我。有的男性迟到是为了打造一种"忙碌"的形象，以显示自己生活很充实，不是那种整天无所事事的人。他希望通过这种方式展现自己的魅力。面对这种情况，你应该保持冷静，你要懂得：每个人都有自己的生活方式和价值观。如果这种行为让你感到不舒服，不妨坦诚地表达你的感受，并询问对方的真实意图，以便双方都能更好地理解彼此。

（2）紧张情绪。对于那些比较内向或者不善于表达感情的人来

说，约会前的准备时间往往会被无限延长，因为他太在意这次见面了，生怕出现任何差错。在这种情况下，你可以尝试给予对方更多的理解，比如见面时露出温暖的笑容，帮助对方放松下来。

（3）试探反应。还有一种可能是男方故意为之，他们想看看女方对此的态度如何，以此来判断对方对自己的在意程度。遇到这种情况时，作为女性，重要的是要保持自信和独立的态度。你可以通过直接交流的方式来表达自己的观点，同时也要观察对方的行为。如果觉得不舒服或被利用，及时沟通并设定合理的界限是很有必要的。

♥ 第二幕：口是心非——言不由衷的秘密

当他说"听你的"时，真的就是愿意听你的吗？当他说"你随便"时，是不是真的意味着以你的想法为重呢？

（1）避免冲突。很多情况下，男性都会为了避免争吵而选择妥协，即使内心并不完全认同，也会说"听你的"，这种态度虽然表面上看是退让，实际上可能是为了保持和谐的氛围。面对这样的情况，女性应该努力创造一个开放和包容的沟通环境，鼓励对方表达真实的感受。当感觉到对方可能因为想要避免冲突而妥协时，可以温和地询问对方的意见，确保两人都能在关系中感到被尊重。

（2）保护自尊。有时，男性会出于维护面子的心态而说出与内心相反的话，比如明明很在意，却装作无所谓的样子。这时，女性可以展现出理解和耐心，尽量在私下而非公开场合讨论敏感话题，以减少对方的压力。同时，肯定对方的感受，并且表明自己愿意倾听，这样做可以让他放下戒备，真诚地交流。

（3）试探心意。男性偶尔也会有故意说反话的情况发生，其目的是试探女性是否能够理解自己的真实意图，从而进一步确认双方的感情基础。当遇到这种情况时，女性应当保持敏锐的洞察力，试着从对方的行为背后寻找真正的情感动机。如果发现对方可能是在试探，你可以适当地表现出自己的理解和关心，同时也要明确表示自己欣赏直接和诚实的沟通方式。

♥ 第三幕：夸赞与赞美——真心还是敷衍？

在恋爱时，男性对你进行夸赞的背后，究竟是怎样的心理呢？

（1）真心夸赞。当男性真心喜欢你时，他会发现你身上的闪光点并且会不断地夸奖你，让你感受到他的爱意。对于这样的赞美，你应该感到高兴，因为这代表了他对你的尊重和欣赏。你可以通过以下方式来回应：表达感激之情，真诚地说声"谢谢"，让对方知道你听见了他的赞美并且对此感到开心；可以和对方分享你对自己被赞美的特质的看法；还可以以善意回报，你也可以赞美他，使互动更加平衡、和谐。

（2）习惯性赞美。有时候，男性会出于礼貌或习惯而进行赞美，但这些赞美往往是形式化的，并没有太多真情实感。面对这种情况，即使你知道赞美并不真诚，也应当保持基本的礼貌，简单地回应"谢谢"即可；你还可以观察其整体行为，如果对方总是给出空洞的赞美，却从不在实际行动上表现出关心，那么你就需要重新评估你们这段关系的价值。

（3）弥补不足。当男性觉得自己的某些行为不够好时，他可能会通过赞美你来减轻他内心的愧疚感。这时，你会感觉到赞美背后隐藏着歉意或愧疚，你不妨坦诚地与他交谈，了解他真正想表达的是什么；你也可以设定界限，如果你认为这种赞美是对方逃避责任的一种方式，那么你需要设定明确的界限，并要求对方在行为方面做出实际改变而非仅仅用口头上的赞美进行补偿。

第四幕：送礼物——真心还是义务？

送礼物是恋爱中常见的行为之一，但不同男性对待送礼物的态度也有所不同。

（1）真心表达爱意。当一个男人真心喜欢你时，他会用心挑选礼物，希望你能感受到他的诚意和心意。对此，你可以这样说："我真的很喜欢这份礼物，谢谢你的心意。"

（2）例行公事。有些男性把送礼物当成是一种责任和义务，他们认为这是恋爱中的必经程序，而不是真正发自内心的表达。对此，你可以这样说："我更在意的是我们在一起的时间，而不是礼物本身。"

（3）弥补过错。有些男性犯错后，可能会通过送礼物来弥补过失，希望能够得到原谅。对此，你可以这样说："比起礼物，我更希望我们能坦诚地沟通问题。"

第五幕：主动联系——关心还是依赖？

在恋爱中，男性主动联系的频率也能反映出他们的心理状态。

（1）真心关心。当一个男人真心关心和喜欢你时，他会经常主动联系你，询问你的情况，关心你的情绪变化。对此，你可以回应："很感谢你对我的关心，这让我感觉很好。"

（2）寻求安全感。有些男性会因为缺乏安全感而频繁联系对方，希望得到对方的肯定和回应。对于这种情况，你可以回应："我在这里，有什么需要我们一起面对的，你可以说出来。"

（3）习惯使然。还有一些男性把主动联系当成一种习惯性的行为，而并不是真正的关心。对于这种情况，你可以回应："如果你真的有空，我们可以更深入地聊一些彼此的感受和想法。"

❤ 第六幕：独处时间——独立还是逃避？

在恋爱中，男性有时需要独处，这背后的心理同样值得探讨。

（1）保持独立性。有些男性认为保持一定的独立性对个人发展很重要，因此会适当安排自己的独处时间。对此，你可以表示理解："我支持你有自己的时间和空间。"

（2）暂时逃避。当遇到压力或烦恼时，男性可能会选择暂时独处，以便冷静思考，理清思绪。这时，你可以简单地说："需要我的时候就告诉我，你不用硬撑。"

（3）平衡关系。适当的独处有助于双方保持新鲜感，同时也能让彼此有更多的空间。对于这种情况，你不妨说："让我们都留点儿时间给自己吧。"

❤ 第七幕：分享日常——坦诚还是炫耀？

在恋爱中，男性分享日常生活的方式和内容也能反映其心理状态。

（1）坦诚相待。当一个男性愿意与你分享日常琐事时，说明他信任你，并愿意与你分享他的生活。面对这种情况，你不妨这样说："我很珍惜你对我分享你的生活，以后可以多分享。"

（2）炫耀成就。有些男性会通过分享自己的成就来获取对方的认可和赞赏，这是一种自信的表现。面对这种情况，你不妨这样说："你真是太棒了！真为你感到骄傲。不过，我也想听听你日常生活方面的事情。"

（3）寻求关注。当男性频繁分享自己的日常生活时，他可能是在寻求你的关注，希望你能更多地参与到他的生活中。面对这种情况，你不妨这样说："你多分享一些，这样我就能更了解你。"

♥ 第八幕：身体接触——亲密还是占有？

身体接触是恋爱中常见的亲密行为，但不同情境下的身体接触背后有不同的心理动机。

（1）亲密无间。拥抱、牵手等身体接触可以增进两人之间的亲密感，表明他对你的爱意。面对这种情况，你不妨这样说："我喜欢和你牵手，感觉很安心。"

（2）占有欲。有些男性会通过身体接触来显示自己的占有欲，这种行为可能带有控制欲的成分。面对这种情况，你不妨这样说："我们还需要进一步了解。"

（3）安全感需求。在某些情况下，男性可能会通过身体接触来获得安全感，这种行为往往源于内心深处的不安感。面对这种情况，你不妨这样说："我注意到你最近非常依赖身体接触，你是不是有什么不安或心事？"

❤ 第九幕：主动承担家务——有责任感还是讨好？

在恋爱关系中，男性主动承担家务也是一种重要的表现。

（1）责任感强。当一个男人主动承担家务时，说明他有较强的责任感，愿意为家庭付出。面对这种情况，你不妨这样说："我们可以互相依靠，你累的时候不必勉强做家务，有我呢。"

（2）讨好对方。有些男性可能出于讨好的目的而主动承担家务，这种行为往往是为了博取好感。面对这种情况，你不妨这样说："你做家务我很开心，但不必总想着让我高兴。"

（3）分担压力。有些男性在看到对方忙碌或疲惫时，会主动分担家务，以减轻对方的压力。面对这种情况，你不妨这样说："谢谢你主动承担家务！我确实累了。"

❤ 第十幕：公开关系——自豪还是炫耀？

在社交媒体平台上公开恋情也是现代恋爱中的一个重要环节。

（1）自豪展示。当一个男人愿意在社交媒体平台上公开你们的关系时，说明他为你感到自豪，愿意让全世界知道你们的关系。面对这种情况，你不妨这样说："我很高兴你愿意让别人知道我们在一起。"

（2）炫耀心理。有些男性可能出于炫耀的目的公开恋情，这种行为往往是为了满足自己的虚荣心。面对这种情况，你不妨这样说："我们的感情不需要靠社交媒体来证明，我们两人也可以一起分享快乐。"

（3）增强信任。公开恋情可以增强双方的信任感，表明他对这段关系有足够的信心。面对这种情况，你不妨这样说："公开关系能增加我们彼此间的信任，我觉得这样很好。"

在这个恋爱心理小剧场中，我们一同探索了那些在爱情道路上可能遇到的小插曲——从约会迟到到公开关系，每一种行为背后都隐藏着不同的情感密码。它们不仅是情侣之间互动模式的真实写照，还是人性复杂多样性的体现。

真正美好的恋情不应该有过多误解与猜疑，双方需要不断地沟通与努力，去接纳彼此最真实的样子。

当我们学会换位思考，学会用更加包容的心态去看待伴侣的一些行为时，我们就会知道其背后潜藏的含义。用真诚和理解去回应对方的真诚，对于我们自己来说，也是一种学习与成长。而且，这样才能让真情实意的爱情绽放出最绚烂的花朵。

告别嫉妒小情绪：
别让"酸"伤害你和伴侣的感情

爱情，本质上有占有的成分，当看到伴侣与其他女性互动时，即便可能只是几句寻常的对话，我们内心的不安与嫉妒也可能如潮水般涌现。尽管很多时候这背后或许什么都没有发生，但也会在无形中动摇我们对伴侣的信任。这便是嫉妒。嫉妒这种负面情绪，如同一把双刃剑，不仅会伤害彼此的关系，还会折磨自己。

究其根源，嫉妒往往源自内心的不安感、不自信。当一个人缺乏自信时，便容易对外界产生过度敏感的反应。而恋爱中的女性之所以会产生嫉妒情绪，很大程度上是担心自己不够好，害怕失去对方。此外，在当今社会环境中，人们普遍认为男性在情感上可能会有更多变化，这无疑加剧了女性内心的焦虑感。

首先，我们要认识到，每个人都有属于自己的社交圈与生活空间。伴侣与他人进行正常交流，并不代表他对你有所保留或改变心意。相反，给予对方适当的空间和自由，反而有助于增进彼此间的理解和信任。其次，我们需要学会从正面的角度看待自己及自己所拥有的美好事物，培养自信心，相信自己的魅力与价值。再次，我们要学会欣赏他人，用平和的心态去面对周围发生的一切。

以下是一些心理学的方法，可以帮助你消除心中的嫉妒情绪。

❶ 正念冥想：集中注意力于当下

正念冥想是一种通过练习将注意力集中在当前正在经历的事情（而非过去或未来可能发生的事情）上的方法。这种练习可以帮助我们更好地管理情绪，减少因思虑过度而产生的负面情绪。以下是具体操作步骤。

（1）找一个安静的地方。选择一个安静、舒适的环境，避免干扰。

（2）坐下来。以舒适的姿势坐下，保持脊柱挺直。

（3）集中注意力。将注意力集中在呼吸上，感受每一次吸气和呼气的过程。

（4）观察思维。当思维开始游移时，缓缓地让注意力回到呼吸上。

（5）接受当前情绪。接受当前的情绪，不加评判地感受它们。

通过正念冥想，我们可以学会在当下保持专注，减少对过去或未来的担忧，从而更好地管理情绪。

❷ 认知重构：改变思维方式

认知重构指的是通过改变个体的思维方式和看待问题的角度来改善负面情绪。当你发现自己产生了嫉妒情绪时，你可以试着分析这一情绪背后的不合理信念，并用更为客观理性的观点取而代之。

以下是具体的操作步骤。

（1）识别不合理信念。当你嫉妒别人时，你应该停下来思考一下这种情绪背后真实的想法是什么。例如，你可能会认为"她比我优秀"或"她得到了我不配拥有的东西"。

（2）质疑这些信念。仔细分析这些信念是否合理。例如，你可以问自己："我真的不如别人吗？""我是否夸大了事实？"

（3）用理性观点取代。用更为客观、理性的观点取代不合理信念。例如，你可以告诉自己："每个人都有自己的优点和不足，我也有很多值得骄傲的地方。"

（4）练习新的思维方式。反复练习新的思维方式，直到它们成为你的习惯。

通过认知重构，我们可以改变不合理信念，从而调整情绪反应，缓解嫉妒情绪。

❸ 写情绪日记：记录情绪变化

记录下每天的情绪变化及其触发因素，有助于我们深入了解自己内心深处的感受。随着时间的推移，你会发现，自己在某些特定情境下更容易产生嫉妒情绪，因此可以提前做好应对准备。以下是具体操作步骤。

（1）准备一个笔记本。准备一个笔记本，专门用于记录情绪变化。

（2）记录情绪。记录自己每天的情绪变化，包括具体的时间、地点和触发因素。

（3）分析情绪。定期回顾这些记录，分析自己在哪些情境下更容易产生嫉妒情绪。

（4）制定应对策略。根据分析结果，制定相应的应对策略。例如，当你知道自己在某个或某些特定情境下容易产生嫉妒情绪时，你可以提前做好心理准备或采取其他应对措施。

通过记情绪笔记，可以更好地了解自己的情绪变化，从而进行有针对性的调整和应对。

❹ 积极的自我暗示：增强自尊心和自信心

应经常对自己说一些鼓励性的话语，这些正面的话语和信息能够逐渐渗透到潜意识层面，增强个人的自尊心和自信心。以下是具体的操作步骤。

（1）选择积极的话语。选择一些对自己有意义的积极的话语，如"我足够好""我值得被爱"。

（2）每天重复。每天多次对自己重复这些话语，可以在镜子前大声说出，也可以在心里默念。

（3）结合具体情境。在遇到挑战或感到不安时，特别需要重复这些积极的话语，提醒自己有足够的能力应对。

（4）观察变化。随着时间的推移，观察自己在情绪和行为上的变化，看看这些积极的自我暗示是否带来了积极的影响。

通过积极的自我暗示，我们可以逐渐改变潜意识中的负面信念，增强自尊心和自信心，从而更好地应对嫉妒情绪。

通过以上四种心理学方法——正念冥想、认知重构、写情绪日记和积极的自我暗示，我们可以有效地管理和减轻嫉妒情绪。这些方法不仅有助于我们更好地理解自己的内心世界,还能帮助我们培育更加健康和积极的心态。在面对嫉妒情绪时,记得运用这些方法,逐渐培养出更加稳定和自信的自我。

"冷暴力"破解指南：
面对恋爱冷暴力，如何优雅反击

在众多情感问题中，"冷暴力"是一个不容忽视的现象，尤其在恋爱中更为常见。"冷暴力"，顾名思义，是指通过冷淡、疏远、沉默等非言语方式对他人实施心理上的压迫和伤害。这种行为虽然不像身体暴力那样显而易见，但却能对受害者造成持久而深远的影响。作为女性，遭遇这种情况时，该如何应对呢？

❶ 认识并正视"冷暴力"

首先，需要认识到，冷暴力是一种精神上的虐待，我们要勇于面对这个问题。不要轻易将其归咎于自身或外界因素，而应该明确这是对方的一种不当行为。意识到这一点，是解决问题的第一步。

那么，具体做法是什么呢？

（1）了解冷暴力的表现。了解冷暴力的具体表现形式，如冷漠、疏远、沉默等，以便自己能够及时识别。

（2）记录具体行为。记录对方实施冷暴力的具体行为，以便分析和应对。

（3）寻求专业意见。咨询心理咨询师或其他专业人士，确认自己的感受是否合理，并获取专业建议。

❷ 保持自我价值感

遭受冷暴力时，人们很容易产生自我怀疑情绪。此时，保持自尊自信尤为重要。记住，你值得被爱与尊重，任何贬低你的价值的行为都不应容忍。你可以通过培养兴趣爱好、提升职业技能等方式来增强个人魅力和内在自信。

那么，具体做法是什么呢？

（1）培养兴趣爱好。积极参与自己感兴趣的活动，如阅读、运动、艺术鉴赏等，提升个人魅力。

（2）提升职业技能。通过学习新技能或提升现有技能，增强自我价值感。

（3）积极肯定自己。发现自己的优点，每天对自己说一些积极的、肯定的话语。

❸ 寻求沟通的机会

如果可能的话，你可以尝试与对方进行开放而诚实的对话，表达你的感受和需求。选择一个合适的时机，以平静的态度交流，避免指责和争吵。有时候，对方可能并没有意识到自己的行为对你造成了伤害，你明确地指出问题所在，有助于双方共同寻找解决办法。

那么，具体做法是什么呢？

（1）选择合适的时机。选择一个双方都比较放松的时间进行沟通。

（2）表达感受。表达自己的感受，比如"我感到很受伤"，而不是指责对方。

（3）提出具体需求。明确表达自己的需求，如"我希望我们能多沟通"。

（4）避免争吵。保持冷静，避免争吵和情绪失控。

4 设立边界

无论结果如何，我们都应当为自己设立清晰的界线，明确哪些行为是自己不能容忍的。一旦对方跨越了这些界线，就要果断采取行动，包括但不限于暂时分开、冷静思考，或者寻求专业人士的帮助。

那么，具体做法是什么呢？

（1）明确界限。确定哪些行为是可以接受的，哪些行为是绝对不能容忍的。

（2）果断行动。一旦对方越过界线，我们就果断采取行动，如暂时分开、冷静思考等。

（3）寻求帮助。必要时寻求心理咨询师或其他专业人士的帮助。

5 借助外部支持

感到孤立无援时，可以向外界寻求必要的帮助和支持。

那么，具体做法是什么呢？

（1）向亲友倾诉。与自己信任的亲人或好友分享自己的感受和困惑，寻求有效的支持和建议。

（2）咨询专业人士。咨询心理咨询师或相关专业人士，获取专业意见和指导。

（3）参加互助小组。参加相关的互助小组或支持团体，与其他有相似经历的人交流经验和心得。

离开不适合的关系

如果经过上述努力仍然无法改变现状，那么就到了该考虑是否继续维持这段关系的时候了。健康的恋爱关系应该是愉悦的、互相支持与鼓励的，而不是让人心力交瘁的。当发现自己身处一段充满冷暴力的关系中时，要有勇气做出改变，去寻找真正属于自己的幸福。

那么，具体做法是什么呢？

（1）评估关系。认真评估这段关系是否值得继续维持，是否还有改善的可能。

（2）勇敢离开。如果确实无法改变现状，要有勇气离开这段关系，寻找更适合自己的人。

（3）寻求支持。在离开的过程中，可以寻求外部力量的支持，以让自己顺利过渡。

通过以上方法，我们可以更好地应对恋爱关系中的冷暴力，维护自己的心理健康，最终找到真正属于自己的幸福。

面对冷暴力，我们需要做的不仅是反击，还要学会爱自己、尊重自己、让自己变得强大。我们只有内心强大，才能在任何情况下都保持优雅和理智，才能真正找到适合自己的温暖的爱情。

失恋不可怕，心理大师来救驾

"人有悲欢离合，月有阴晴圆缺。"感情世界亦是如此。在寻觅爱情的道路上，很多人都经历过失恋。失恋，可能由于性格不合，也可能由于彼此人生规划有差异，甚至有可能只是因为时机不对。无论如何，失恋都会让人心痛。然而，面对失恋，有的人能从中汲取成长的力量，而有的人则可能陷入难以自拔的痛苦。

> 苏雨是一个活泼开朗的女孩，她与男友热恋两年多，男友却突然提出分手，她深受打击。失恋后的苏雨整日郁郁寡欢，无心工作，茶饭不思，短短一个月内体重骤降三十斤。她的状态每况愈下，不仅严重影响了身体健康，还导致她在工作中频频失误，业绩下滑。原本积极乐观的她变得消极悲观，似乎对生活失去了信心。显然，这种自暴自弃的行为并不是一种理智的处理失恋的方式。

失恋是一种比较痛苦的情感体验，触及个人心理的多个层面。从心理学角度来看，失恋的情感体验与面对亲人死亡的情感体验十分相似。这一过程包括否认、沮丧、悲伤、失落以及最终接受。尽管这些阶段通常按照特定顺序出现，但每个人的经历都是独一无二的，有的人或许会跳过其中某个阶段，而另一些人则可能会在这几个阶段之间来回徘徊。比如：在恋爱关系刚刚结束时，人们往往难以接受这一事实，会试图说服自己一切都还没有结束；随后，当现实变得越来越清晰时，沮丧的情绪便随之而来；紧接着，为了挽回曾经的感情，有些人可能会尝试做出妥协或改变；然后，不可避免地，深深的悲伤与失落接踵而至，这是恢复正常心态前一定会经历的一个重要阶段；最后，随着时间流逝和自我反思，人们逐渐接受分手这个事实，并着手构建新生活。

那么，我们要如何应用心理学的方法，尽可能地缩短上述过程，让自己尽快从失恋的阴霾中走出来呢？

❶ 接纳并表达自己的情绪

接纳并表达自己的情绪是走出失恋的第一步。在失恋初期，人们通常会感到痛苦、悲伤、愤怒甚至绝望。这些都是正常的情绪反应，不应被压抑或否认。我们可以尝试着把这些感受写下来，或者向信任的朋友倾诉。心理学研究表明，表达情绪有助于心理健康。记住，感受并不是事实，它们只是我们内心的一部分反应，我们不必为此感到羞愧。只有直面并逐渐释放负面情绪，我们才可以更好地理解自己的内心。

❷ 自我关怀

失恋之后，很容易忽略自己的需求。此时，给自己一些额外的关爱尤为重要。我们可以做一些自己喜欢的事情，比如阅读一本好书、听音乐、看电影或是参加户外活动。运动也是一种很好的方式，它可以让身体释放内啡肽，内啡肽能让我们心情愉悦。此外，让自己享受一个放松的夜晚，不管是泡个热水澡，还是做一次美容护理，都能让自己感到舒适。这些行为不仅能提升你的幸福感，还能增强你的自尊心。当你开始照顾自己时，实际上就是在告诉自己："我值得被爱。"

❸ 重构失恋经历

你可以尝试着从一个新的角度来看待失恋。你可以把它视为一个成长的机会，而非失败。你可以深入思考一下：这段关系教会了你什么？这件事是否有助于你更了解自己？当你能从中找到积极的一面时，你就能更容易放下过去，向前看。失恋不只意味着结束，还是一个让你重新认识自我的契机。通过反思这段经历，你可以进一步发现自己的优点和不足，并为未来的恋情做好准备。

❹ 建立支持系统

身边的支持系统对于我们恢复身心至关重要。与信任的好友联系，让他们知道你需要他们的陪伴和支持。同时，你也可以考虑加入互助小组或是寻求心理咨询师的帮助。与他人分享你的经历，不仅能让你感觉到你不是孤单一人，还能让你从不同的视角看待这件事，并能获得建议。在这个过程中，你会逐渐意识到，许多人都经历过类似的情况，并且成功走出了困境。

❺ 设定新目标

设定新目标可以帮助你专注于未来而不是一直沉湎于过去。无论是专注于职业发展、学习一项新技能，还是健身、运动，只要设定目标，你就有动力去追求新的可能性。当你忙于实现自己的目标时，失恋带来的伤痛也会逐渐淡化。而且，拥有具体的目标并有计划地执行，会让你的生活更有方向感，更充实。

❻ 学习放下

学习放下并不意味着忘记过去，而是不再让过去的经历影响和定义现在的你。你可以通过冥想或其他形式的身心练习来帮助自己，因为这类活动有助于减轻压力，提高专注力，有助于我们更好地应对生活中的挑战，并逐渐让内心变得平和、宁静。

❼ 逐步回归日常

逐渐恢复日常的生活节奏也很重要。可以从小事做起，比如按时吃饭、规律作息等。当你的生活恢复正常时，你会发现自己已经走出了失恋的阴霾。你可以为自己的每一天设定一个小目标，比如完成某项工作任务、阅读一篇文章或是打一个电话给朋友。这些简单的行为会让你感到充实和有成就感，从而提升整体的精神状态。

虽然失恋是一段艰难的内心旅程，但通过运用上述心理学方法，你可以加快自己的身心恢复正常的速度。记住，每个人都有能力克服困难，只要你愿意给自己时间和空间去疗愈身心，美好的未来就在前方等着你。

记住：失恋是新生活的起点。相信自己，勇敢面对未来，一切都会变得更好。

挽回大作战：心理学帮你再次吸引他

在一段恋爱关系中，有时我们会因为一时的情绪冲动或是误会而做出一些令自己后悔的决定。对于那些因一时冲动而与伴侣分手，事后却感到后悔的女性来说，如何重新挽回对方的心是一个值得探讨的话题。本小节将从心理学的角度出发，探讨男性在分手后的心理变化，并提供一些实用的建议，帮助你重燃爱火。

在尝试挽回前，了解对方的心理状态是非常必要的。男性通常不会像女性那样直接表达内心的感受，他们往往更加注重自尊心与面子问题，在分手初期可能会表现出较为强硬的态度。然而，随着时间的推移，他们也会经历情感波动，并反思双方的关系。

那么，如何有效地挽回呢？

❶ 给予对方一定的冷静时间

（1）不要主动联系。分手后，你首先要做的就是给彼此一段时间冷静下来。这段时间里，尽量不要主动联系对方，避免给对方带来压力；要避免频繁查看对方的社交媒体动态，以免影响自己的情绪。

（2）专注于自我。你可以利用这段时间来专注于自己的生活和工作，做一些自己喜欢的事情，比如阅读、运动或培养新的兴趣爱好。这样既能帮助你调整心态，又能让对方看到你独立的一面。

（3）保持距离。如果你们有共同的朋友圈或社交场合，请尽量避免出现在同一场合，以免尴尬。你要给对方足够的空间，让他有时间去处理自己的情绪。

❷ 尝试变换风格

（1）改变外在形象。你可以尝试换一个新发型，或者改变平时的着装风格。比如，如果你平时喜欢穿休闲装，那么可以尝试一些更有女人味的着装等。同时，适度化妆也能让你看起来更有精神。

（2）提升内在气质。你可以通过阅读、学习等方式提升自己的内在修养，让自己的言谈举止更加优雅大方。同时，你还可以尝试一些新的兴趣爱好，如舞蹈、书法等，这样既能丰富自己的生活，又能提升自身的魅力。

（3）展示积极的一面。你可以在社交媒体上分享一些积极向上的内容，如旅行时的照片、运动健身的瞬间、工作成就等，展现自己丰富多彩的生活。这不仅能让自己的心态变得更加积极，还能让他看到你没有因为分手而陷入消极情绪。

❸ 提高自我价值

（1）专注于职业发展。将更多精力投入于工作，努力提升自己的专业能力和职业素养，争取在职场上取得更大的成就。这样做，不仅能提升你的经济实力，还能增强你的自信心，让对方看到你的努力和进步。

（2）培养健康的生活习惯。定期锻炼身体，保持健康的体形和良好的精神状态。同时，健康的饮食习惯也是必不可少的，合理的饮食可以让你看起来更有活力。

（3）提升社交能力。积极参加各种社交活动，扩大自己的社交圈子。在社交场合展现出自信和魅力，让对方看到你的改变和进步。

4 适当沟通

（1）选择合适时机。当你觉得时机成熟时，你可以找一个合适的时机与对方进行一次坦诚的交流，也可以选择一个轻松的环境，比如咖啡馆或公园，避免正式、严肃的氛围。

（2）保持平和的心态。你可以表达你的真实感受，同时倾听对方的想法，但要保持平和的心态，避免争吵和指责，用理性的方式探讨未来的可能性。

（3）展示成熟的一面。你可以展现自己成熟稳重的一面，让对方感受到你的变化和成长，同时用实际行动证明自己已经做出了改变，而不是仅仅停留在口头上。

挽回一段感情并非易事，它需要耐心、智慧以及勇气。希望以上建议能够帮助你挽回心爱之人。记住，最重要的是保持积极乐观的心态，并相信美好的事情总会发生。

第三部分

生活博弈——情感与理智的较量

第三部分

第四章 婚姻里的博弈:情感与责任的平衡之道

家庭 VS 自我：
如何做个能平衡两方的聪明女人

随着社会的进步与观念的变化，越来越多的女性不再局限于传统的角色定位，而是追求更加多元的人生。如何在繁忙的职场与温馨的家庭生活之间找到平衡点，成为很多女性面临的难题。本小节旨在通过探讨具体策略，帮助女性朋友们更有效地管理时间、提升自我，最终实现家庭和美与个人发展的和谐统一。

❶ 确立清晰的人生愿景

在开始任何具体行动前，我们首先需要明确自己追求的到底是什么，包括但不限于个人职业目标、家庭理想状态以及个人兴趣爱好等。只有目标足够清晰，我们才能更好地分配资源和精力，避免盲目奔波、劳碌。所以，请试着写下一份五年规划，并列出短期和长期的目标，定期回顾和调整，确保自己每一步都在朝着梦想前进。

❷ 建立有效的沟通机制

良好的沟通是家庭和谐的基础。女性在家庭中往往扮演着引领家庭成员沟通的角色。因此，建立开放、平等的家庭沟通氛围至关重要。我们在日常生活中要做到以下几点。

（1）主动倾听。给予家庭成员充分表达的机会，认真聆听每个人的想法和需求。

（2）及时反馈。在理解的基础上给出自己的意见，避免误解或发生冲突。

（3）共同决策。家庭中有重大决定时，邀请所有相关人员参与讨论，确保大家的意见都被充分考虑。

❸ 掌握时间管理技巧

时间是最宝贵的资源之一。合理规划和使用时间，才能有效平衡家庭与自我。具体可以从以下几个方面着手。

（1）制定优先级清单。每天清晨或前一天晚上列出当天或第二天的任务清单，并按照重要性和紧急程度排序。

（2）合理分配家务。根据家庭成员的能力和时间安排，公平地分配家务，以减少不必要的争执，并节约大家的时间。

（3）利用碎片时间。上下班路上、等待孩子放学等短暂的空闲时间，可以用来阅读、思考或简单放松身心。

❹ 注重个人成长与发展

无论处于哪个人生阶段，持续学习和自我提升都是不可或缺的，这不仅能增强个人竞争力，还是让我们内心充实和自信的关键所在。

（1）设定学习目标。结合职业规划和个人兴趣，选择合适的领域进行深入探索。

（2）利用线上、线下资源。报名参加感兴趣的培训班、研讨会，或者利用网络平台自学知识。

（3）保持身心健康。规律运动、充足睡眠和健康饮食，都是维持良好状态的前提条件。

5 构建支持系统

在追求个人成长的过程中，外界的支持非常重要，既可以为我们提供实际帮助，还可以在精神层面给予我们慰藉和支持。

（1）建立社交网络。结识志同道合的朋友，分享经验和教训，互相鼓励前行。

（2）求助于专业人士。当遇到难以解决的问题时，不妨寻求专业人士的指导。

6 保持积极乐观的心态

在平衡家庭与自我的过程中，我们的身心都有疲惫的时候，但我们要学会感恩与知足，珍惜身边的美好事物和美好瞬间，用平和的心态珍惜和迎接每一天。

综上所述，追求家庭和自我平衡的过程，意味着我们既要懂得关爱家人，又不能忘了关照自己；意味着我们要有管理时间的能力；更意味着我们要拥有关于自我认知与价值实现的智慧；还意味着我们不仅能够在家庭与自我之间找到和谐的共存之道，还能成为家庭中的一股积极力量，激励每一位家庭成员成长。

因此，真正的平衡不是在两者之间做无休止的取舍，而是找到一条既能滋养心灵又能维系家庭幸福的道路。在这个过程中，我们或许会遇到挑战，但只要保持内心的平和与坚定，就能够发现生活的美好与无限可能。记住，做一个聪明的女人，意味着敢于做自己，勇于遵从自己的内心，让每一天都充满意义与喜悦。我们只有学会遵从内心，追寻自我，真正地爱自己，才能更好地去爱他人，才能创造出一个充满爱与理解的家庭环境。

运用同理心吸引并留住优质伴侣

鲁迅先生曾说过,"人类的悲欢并不相通"。这句话虽然简短,却道出了人际交往中的一个深刻的道理——理解他人并非易事。我们在生活中,常常能听到女性朋友的一些抱怨,有的抱怨丈夫不关心孩子,有的抱怨丈夫不上进,有的抱怨婆婆不好相处。这些声音背后,实际上隐藏着一个残酷的真相:男性常常无法完全理解女性的痛苦。反之亦然,作为女性,我们其实也难以完全体会男性所面临的种种困境。

> 我有一位邻居,她初中毕业后就结婚了,从未踏入职场半步。她对自己的生活状况感到不满,并且时常抱怨她的丈夫不够聪明。她曾对我说:"如果我去工作,一年至少能赚三四十万元吧。"这种想法无疑显得过于天真。事实上,任何有过工作经验的人都知道,赚钱绝非易事,职场中充满了挑战与不易,而且收入往往远不如预期中的那般丰厚。

人生本就艰辛，女性在生活中有种种不满和抱怨，男性在生活中同样有各种压力——工作上的竞争、职业发展的瓶颈、家庭的重担……因此，在这样的背景下，对男性抱有同理心变得尤为重要。"士为知己者死"这句古语，揭示了人与人之间最难得的就是相互理解。对于女性来说，同理心不仅是构建和谐人际关系的基础，还是吸引并留住优质伴侣的有效策略。

在快节奏的生活中，夫妻之间的沟通往往容易受到忽视，而同理心作为沟通中的润滑剂，对于增进夫妻感情至关重要。作为一个妻子，想要更好地理解丈夫、抓住他的心、维系一段优质的伴侣关系，可以从以下几个方面入手，培养对丈夫的同理心。

❶ 倾听并观察

（1）倾听。当丈夫分享工作中的烦恼或生活中的困扰时，要认真倾听，不要不停地打断或急于给出建议或解决方案。有时，对方需要的只是一个愿意倾听的耳朵。你可以用点头、眼神交流等方式表达你在听，并且很在意他说的内容。

（2）观察。注意丈夫的情绪变化，体会他的需求。有时，他可能不会直接告诉你他遇到了什么问题，这时就需要你细心观察，从他的表情、语气中捕捉相关信息。

❷ 换位思考

想象一下，如果你处在他的位置，面对同样的压力和挑战，你会有什么样的感受？请试着站在对方的角度考虑问题，这样做，不仅能帮助你更深入地理解丈夫，还能让你在应对问题时更加理性。

比如，你看到他加班到深夜回家，疲惫不堪时，试着想一想自己如果连续工作十几个小时后回到家的心情，这样可以帮助你理解他的辛苦，从而给予他适当的关怀和支持。

❸ 共情体验

（1）一起参与。参与一些他感兴趣的活动或者与工作相关的事务，这样不仅能增进你们之间的互动，还能让你亲身感受到他在某些方面所面临的挑战。

（2）分享经验。如果你也有过和他类似的某些困难的经历，不妨与他分享你的感受或处理方式，这样既能让他觉得自己不是一个人在战斗，又能使双方在情感上产生共鸣。

❹ 表达支持

（1）肯定成绩。当他取得成就时，及时给予赞美和肯定，哪怕只是一件小事，也能让他感受到被重视和被认可。

（2）共渡难关。当他遇到困难时，坚定地站在他身边，告诉他"我们是一体的，我会和你共同面对问题"。这时的支持往往比平时的其他互动更加珍贵。

❺ 自我反省

定期审视自己在婚姻中的表现，看看自己是否足够体贴、理解丈夫。如果有做得不到位的地方，勇敢承认并寻求改进的方法。

但要记住：在婚姻中，双方都需要拥有同理心，你也需要鼓励丈夫对你抱有同理心。只有在相互理解的基础上，才能共同营造出一个温馨和谐的家庭。

❻ 实践中的小技巧

（1）日记记录。可以尝试每天记录一些关于丈夫的事情，比如他的心情、他遇到的问题以及你的反应等。这样既能帮助你审视过去，又能提醒自己在未来的日子里更加关注他在某个方面的需求。

（2）定期沟通。设立固定的"夫妻时间"，专门用来讨论彼此的感受和需要解决的问题。在这个过程中，确保双方都能够平等、平和地发言，充分表达各自的观点。

在婚姻中与伴侣互动时，多运用同理心，可以帮助我们更好地理解对方的感受和需求，从而能更有效地沟通。当我们学会站在对方的角度思考，真诚地理解和感受伴侣的需求与情感时，我们便能够与伴侣建立起一种更深厚的情感连接。拥有了同理心，不仅能让双方感受到被珍视和被理解，促使双方更好地认识自己，了解各自的情绪和需求，从而有助于处理多方面的人际关系，还能促进彼此的成长与发展。

在这个过程中，我们或许会遇到误解与分歧，但只要心中怀有对彼此的理解和宽容，就能跨越障碍，携手前行。而且，同理心不仅是一种能力，更是一种选择——选择看到对方的优点和美好之处，选择在困难时刻给予对方支持，选择在快乐时与对方共享喜悦……

最终，你会发现，基于同理心建立起来的关系温暖而稳定。

运用洞察力识别伴侣的忠诚度

对于任何一段认真的感情来说,忠诚都是至关重要的基石,女性朋友们往往面临着需要准确判断伴侣忠诚度的挑战。以下探讨的几个方法,能帮助我们培养敏锐的洞察力,从而更好地评估我们身边的他是否值得信赖。

❶ 观其行,察其言

（1）言行的一致性。对婚姻忠诚的人,他的行动和言语之间不存在矛盾。一般来说,如果他答应为你做某件事,那么无论遇到多少困难,他都会尽全力去做。相反,那些经常做出承诺却从不兑现的人,很可能缺乏责任感和诚意。

（2）高质量的沟通。高质量的沟通不是简单地分享信息,而是分享感受。也就是说,他和你沟通时不仅会告诉你发生了什么,还会向你表达他对事情的感受。这样的交流不仅能够增进彼此的了解,还能培养夫妻间的共情。

（3）责任感与担当精神。当你面临挑战或困境时,一个有责任感的伴侣会选择站在你身边和你共同面对,而不是选择逃避。这种精神不仅体现在面对外部压力时的态度上，还体现在对家庭事务的承担上。

❷ 注意细节，感知变化

（1）时间管理与优先级设置。一个忠于家庭的丈夫会妥善安排好自己的时间，确保既能专注于个人事业的发展，又能留出足够的时间来陪伴你。如果他开始频繁地"加班"，并且说不出加班的明确理由，那么这可能是一个值得你关注的信号。

（2）情绪稳定性和同理心。在争吵或冲突发生时，能够保持冷静并试图解决问题的人通常更值得信任。此外，如果他能理解你的情绪，并尽力安慰和支持你，则说明他非常重视你们之间的关系。

（3）社交圈的行为模式。除了现实生活中的行为，在社交媒体上的表现也是一个很好的参考指标。一个忠诚的伴侣不会在社交媒体上与其他异性亲密接触，也不会刻意隐瞒与你的关系状态。

（4）对共同未来有规划。对家庭的未来有清晰规划的人，往往比那些没有规划、只关注眼前利益的人更为可靠。真正的忠诚不仅仅体现在当下，还体现在他愿意与你一起展望并创造未来。

❸ 提升自我，增强内在安全感

（1）持续进行自我提升。无论外界环境如何变化，不断提升自我始终都是不变的主题。不论是职场技能的提升，还是兴趣爱好的拓展，都可以让你变得更加自信。自信的女人本身就具有吸引力，而这种吸引力会提升伴侣的忠诚度。

（2）积极有效的沟通。当心中有疑问时，最有效的方式就是直接与对方沟通。通过平和、理性的对话来消除隔阂，避免猜测与误解，这样不仅能及时解决问题，还能加深彼此之间的了解。

（3）享受生活，珍惜当下。学会感恩并享受当前所拥有的一切，无论是快乐还是悲伤，都是生命中不可或缺的经历。有时候，过度担忧未来可能会让人忽略了眼前的美好，因此，保持一颗平常心，享受当下的每一分每一秒，全身心地投入到当前的生活和工作中，不被过去的事情或未来的担忧所困扰，我们的思维才会更专注、更清晰，从而有助于我们更深入地理解和分析问题。

上述方法可以有效地提高我们对于伴侣忠诚度的洞察力。然而值得注意的是，任何关系都需要双方共同努力维护，单方面的付出很难长久维持一段关系。如果你发现自己已经尽力做到最好，但对方仍旧表现出不忠诚的行为，那么重新评估这段关系是否适合自己或许才是最重要的决定。

第三者入侵警报：
当婚姻遭遇考验，如何冷静应对

当婚姻遭遇考验，尤其是第三者入侵的警报响起时，作为女性，你可能会面临前所未有的情感风暴。这时，冷静应对显得尤为重要。以下是一些建议，能够帮助你在面对这种情况时更加理智地做出决定。

❤ 情绪管理

你需要控制自己的情绪。虽然这很难，但愤怒、伤心或绝望并不能解决问题。尝试深呼吸、冥想或寻求心理咨询师的帮助，以便更清晰地思考。

（1）深呼吸。当情绪激动时，你可以尝试深呼吸，缓慢地吸气，然后慢慢呼气，重复几次。这样做有助于你平静下来。

（2）冥想。每天安排一段时间进行冥想，帮助自己放松心情，集中注意力。

（3）心理咨询。如果情绪难以自我调节，可以寻求专业心理咨询师的帮助，通过专业的指导来更好地管理情绪。

❷ 沟通与了解

与伴侣进行坦诚的对话。了解事情的真相，包括对方的动机和感受。这样做并不是为了原谅或接受背叛，而是为了全面评估情况，为决策提供依据。

（1）坦诚对话。找一个合适的时间和地点，与伴侣进行坦诚的对话，表达自己的感受和需求。

（2）了解真相。了解对方的感受和动机，询问对方为什么会做出这样的事，了解其背后的原因。

（3）信息收集。通过对话，尽可能收集更多的信息，以便全面评估情况，为后续决策提供依据。

❸ 审视与自我反思

审视自己在婚姻中的角色和需求。比如，婚姻中是否有可以改进的地方？这段关系是否还有挽救的可能？审视与自我反思有助于你更清楚地了解自己究竟想要什么，以及是否要继续努力维持这段关系。

（1）角色审视。回顾自己在婚姻中的角色，是否有需要改进的地方，如沟通方式、与对方的相处模式等。

（2）需求分析。分析自己在婚姻中的需求是否得到满足，如果没有，有哪些具体需求。

（3）挽救的可能性。评估这段关系是否有挽救的可能性，是否值得继续努力。

④ 经济状况评估

评估你的经济独立性。如果你依赖伴侣的经济支持,那么离婚可能会使你陷入财务困境。所以,请评估自己的财务状况。

(1)经济独立性。评估自己的经济独立性,是否有足够的收入来支撑自己今后的生活。

(2)制定财务预算。制定一个详细的财务预算,包括生活费用、子女抚养费以及其他费用。

(3)备用方案。如果有经济困难,可以考虑其他备用方案,如兼职、寻求亲友帮助等。

⑤ 孩子的福祉

孩子是离婚决策中最重要的考量因素之一。评估离婚对孩子的影响,包括情感、教育和社交等方面。无论做出什么样的决定,都要优先考虑孩子的福祉。

(1)情感影响。评估离婚对孩子情感方面的影响,以让孩子更好地适应今后的家庭结构和环境。

(2)教育影响。评估离婚对孩子教育方面的影响,以保证孩子接受正常的教育。

(3)社交影响。评估离婚对孩子社交方面的影响,以帮助孩子维持正常的社会交往。

⑥ 法律咨询

在做出任何决定前,咨询律师是非常重要的。要充分了解你在法律上的权利和义务,包括财产分割、子女抚养权和赡养费等问题。

（1）咨询律师。找一位专业的律师进行咨询，了解自己在法律方面的权利和义务。

（2）了解权益。了解自己在财产分割、子女抚养和赡养费等方面的具体权益。

（3）法律文书。准备相关的法律文书，如财产清单、子女抚养协议等。

7 长远规划

要考虑你在生活方面的长期目标和愿景。离婚是一段关系的结束，也是生活新的开始。要想清楚你想要的生活是什么样子，并为之制订计划。

（1）长期目标。思考自己在生活方面的长期目标和愿景，想清楚自己想要什么样的生活。

（2）制订计划。制订详细的计划，包括短期目标和长期目标，一步步实现自己的想法。

事实上，是否离婚是一个非常主观的选择，没有一成不变的答案。它取决于你的实际情况、价值观和对未来的期望。所以，请务实地评估所有因素，并且勇敢地为自己的幸福做出在当下最好的选择。无论你的选择是什么，都要确保它是出于自己的意愿，而不是出于社会压力或内心的恐惧。

希望这些建议能帮助你在面对婚姻中的考验时，更加理智、清醒地做出决定，为自己和家庭的未来找到最佳解决方案。

第五章 家庭中的博弈：温馨港湾中的和谐之道

心理学支着儿：三招搞定婆媳关系

对有些女性来说，婆媳关系一直是一个敏感而复杂的话题，它涉及代际间的沟通以及家庭角色的平衡等。为了构建一个健康和谐的家庭，我们需要从心理层面深入探讨如何通过感恩、尊重和理解来改善婆媳关系。

❶ 感恩之心：珍惜与感谢

感恩是一种积极向上的心态，能够帮助我们发现生活中的美好，并珍惜身边人所给予的一切。对于婆媳关系，首先应该认识到，婆婆并非生母，因此不能苛求她像对待亲生女儿一样对待儿媳妇。但是，婆婆养育了我们生命中的另一半，这是她对我们最大的恩赐。因此，我们应该心存感激，感谢她养育了一个可以和我们共度一生的人。

（1）换位思考。当我们面对婆婆时，试着换位思考，想想她是如何含辛茹苦地将儿子抚养长大的，她肯定付出了很多心血。这种理解和认同，会让我们更加珍视与婆婆相处的机会，有助于我们营造出温馨和睦的家庭氛围。

（2）日常表达。在日常生活中，我们可以经常向婆婆表达感谢之情。比如，在节日或其他特别的日子里，送上一份小礼物，并写一张感谢卡，表达自己的感激之情。

（3）感恩行动。通过实际行动来表达感激之情。比如，和婆婆一起做一些家务，或者陪她散步、购物等，让她感受到来自儿媳的关心和爱护。

❷ 尊重差异：相互包容

每个家庭都有自己独特的生活方式，当两个不同背景的家庭融合在一起时，必然会产生一些碰撞。作为儿媳，我们应该学会尊重婆婆的生活习惯和个人喜好，不必强求统一标准。

（1）生活习惯。在生活习惯上，如果婆婆喜欢吃清淡的食物，而你喜欢重口味的食物，那么可以尝试折中。比如，双方可以约定每周轮换做饭，或者做饭时既有清淡的菜，又有重口味的菜，这样，既能满足各自的口味，又能体现出相互尊重。

（2）育儿观念。我们与婆婆在育儿观念上也可能存在分歧，这时需要的是沟通与理解，要和婆婆共同探讨最适合孩子的养育方式。比如，可以定期与婆婆分享育儿心得，分享各自对于养育孩子的观点。

（3）沟通与理解。记住，我们的目标是为了家庭更加和睦、孩子更好地成长，而非争个输赢对错。常沟通，多站在对方的角度理解一些行为，可以有效促进家庭内部的和谐。比如，可以定期召开家庭会议，讨论家庭事务，增进相互理解。

❸ 理解立场：维护家庭团结

在处理婆媳关系时，还有一个重要的方面就是理解彼此作为母亲的立场。无论是婆婆还是未来也可能成为婆婆的我们，大家的许多做法都是出于保护孩子的心理。因此，当婆婆表现出对儿子过分的呵护时，作为儿媳，我们应该给予婆婆足够的理解，毕竟这是出于母性的本能反应。

（1）理解立场。在有分歧时，我们应该开诚布公地表达自己的想法，并寻求合理的解决方案。比如，当婆婆对儿子过分呵护时，我们可以与婆婆坦诚沟通，表达自己的想法，并寻求共同的解决方案。

（2）保持沟通。关键在于保持沟通渠道畅通，避免让小矛盾积累成大问题。比如，可以定期与婆婆进行一对一的谈话，及时解决存在的问题。

（3）桥梁作用。同时，也要鼓励丈夫扮演好桥梁的角色，在维护家庭团结方面发挥积极的作用。

建立和谐的婆媳关系是一项长期而艰巨的任务，需要双方持续不断地努力。只有当我们真正做到了心怀感恩、相互尊重，并站在对方的角度思考问题时，才有可能拥有温馨的婆媳关系，让家里充满爱与温暖。

消除原生家庭的烙印，重新养育自己

原生家庭对一个人的思维模式和性格有很大的影响。有些女性的原生家庭环境并不尽如人意，家庭暴力、重男轻女的思想、经济上的困顿、持续不断的贬低……这些都是她们在成长过程中不得不面对的现实。这些在原生家庭中的经历，在很大程度上塑造了她们的性格、思维模式与行为模式。

从心理学角度来看，童年时期的经历对一个人未来的人格发展有着深远的影响。如果一个女性在幼年期缺乏关爱和支持可能会导致内在的安全感缺失，在成年后她往往会倾向于从外部寻找安慰与认同，特别是在与男性建立关系时，会表现出一种过分依赖的行为模式。她可能会无意识地向伴侣寻求过量的情感支持，或者因为内心深处的自卑而产生强烈的不配得感。

我们要认识到，那些曾经让我们痛苦的日子已经成为过去。过去的经历已无法改变，但我们有能力选择如何面对它们，我们可以通过积极的方式重新养育自己。这里，向大家介绍阿德勒个体心理学中的一个重要观点：与其执着于过去所受的伤害，不如着眼于当下能够采取的实际行动。

阿德勒个体心理学是由奥地利精神病学家阿尔弗雷德·阿德勒创立的心理学理论体系。阿德勒认为，个体的行为和情感不是由外界环境或过去的经历所决定的，而是由其对未来设定的目标和一系列选择所塑造的。在处理过去的经历带来的负面影响时，阿德勒建议人们不应过多地纠结于创伤本身，而应更多地关注当前可以采取哪些实际行动来改善现状。这意味着，我们即便曾经遭遇不幸、不愉快，也不必让那些经历继续支配我们的现在和未来。对于那些希望摆脱原生家庭不良影响、重塑自我认知的女性而言，阿德勒个体心理学无疑提供了一种积极的视角。

那么，如何消除原生家庭的烙印，重新养育自己呢？

一、提升自我意识

自我反思

（1）回顾童年经历。花时间回忆并记录下童年时期的一些关键事件，特别是那些对你的人生产生重大影响的经历，比如家庭中的重要事件等。

（2）分析影响。分析这些事件是如何影响你的自我认知、人际关系和世界观的。比如，小时候父母对你的严格要求可能让你形成了追求完美的性格。

（3）保持客观和非评判性的态度。在这个过程中，保持客观和非评判性的态度非常重要。你要尽量以第三者的视角来看待这些经历，避免自我批判。

❷ 认知重构

一旦识别出某些早期经历可能对你产生了不良影响，你就要开始挑战和重构某些信念。比如，如果你从小被告知"只有优秀才能被爱"，那么现在可以试着转变这种信念，告诉自己"即使不完美也值得被爱"。

（1）识别负面影响。识别出哪些早期经历可能对你造成了负面影响。

（2）挑战旧信念。开始挑战这些旧信念，例如，告诉自己："所有'我做不到'的说辞，只是不想做罢了，我要马上采取实际行动。"你可以每天对自己说几遍这句话，逐渐改变自己的思维方式。

（3）重塑信念。通过持续的自我提醒和正面肯定，重塑自己的信念。比如，你可以每天对自己说："我是有价值的，即使不完美，我也可以创造出属于我的美好未来。"

❸ 情绪释放

有时，深层次的情绪可能阻碍我们前进。可以通过写日记、艺术疗愈或专业指导来处理这些情绪（如愤怒、悲伤）。

（1）写日记。你可以每天写一篇日记，记录自己在当天的感受和情绪。

（2）艺术疗愈。通过绘画、音乐或舞蹈等，来表达和处理深层次的情绪。

（3）专业指导。如果情绪问题较为严重，可以寻求心理咨询师的帮助，通过专业的指导来处理情绪问题。

二、发展社会兴趣

❶ 积极参与社会活动

参与团体活动或者志愿者工作，可以使你与他人建立连接，同时也能培养你的社会责任感，这不仅有助于改善你的心理健康，还有助于你增强自信，提升社会技能。

（1）参与团体活动。加入体育俱乐部、兴趣小组或社区组织的团体活动等。

（2）参与志愿者工作。参与各种志愿者工作，如社区服务、慈善募捐活动等。比如，你可以当环保志愿者或去敬老院提供志愿服务。

（3）建立连接。你可以结交志同道合的朋友，共同参与有意义的活动。通过这些活动，与他人建立连接，增强自己的社会责任感。

❷ 建立互惠关系

寻找那些能够和自己相互支持的人并与其成为朋友。健康的人际关系应当是双方都能从中获益。要避免一段只有你单方面付出的关系，因为这可能会让你感觉被利用。

（1）寻找互惠关系。寻找那些能够在生活中相互支持的人，与其成为志同道合、心意相通的朋友。

（2）避免单方面付出。避免总是由自己进行单方面的付出。如果你发现某位朋友总是索取而不付出，你就可以适当减少与其交往。

（3）维护健康关系。通过相互支持、帮助和分享，维护健康的人际关系。比如，你可以定期与朋友聚会，分享彼此的生活、经历、心情和感受。

三、设定积极的目标

❶ 设定可实现的目标

为自己设定实际且具有挑战性的目标。实现目标会给你带来成就感，进一步推动个人成长。

（1）设定实际目标。为自己设定实际且具有挑战性的目标。比如，你可以设定一个月内学会弹奏某种乐器或完成一项健身任务。

（2）分解目标。将大目标分解为若干小目标，逐步实现。比如，你可以将学会弹奏某种乐器分解为每天练习半小时。

（3）庆祝成就。目标实现时，应庆祝自己的成就，以增强自信心。比如，可以为自己举行个庆祝仪式，吃一顿美食或看一场电影。

❷ 平衡工作与生活

确保在职业发展和个人生活中找到平衡点，不要过度关注任何一个方面，否则可能导致其他方面被忽视。

（1）合理安排时间。合理安排工作和个人生活的时间。比如，你可以每天安排一定的工作时间，然后留出时间陪伴家人或朋友。

（2）保持身心健康。通过锻炼、休息和适度娱乐等方式，保持身心健康。比如，你可以每天安排半小时的运动时间。

（3）调整心态。调整心态，保持平衡的工作和生活态度。比如，你可以定期进行自我反省和总结，调整工作和生活所占时间的比例。

四、感恩与自我肯定

❶ 练习感恩

（1）记录感恩之事。每天找时间思考并记下至少三件可感恩的事情。比如，来自家人的关心、孩子健康成长、朋友的帮助或工作中的成就。

（2）专注于积极方面。通过记录这些事情，训练大脑专注于积极方面。比如，你可以每天翻看这些记录，提醒自己生活中有诸多美好。

（3）减少负面情绪。通过练习感恩，减少负面情绪，增强积极情绪。比如，你可以每天对自己说："我很感激生命中这些美好的事物。"

❷ 自我接纳

（1）正视优点和缺点。认识到每个人都有优点和缺点，接受不完美的自己。

（2）正面肯定。每天给自己一些正面的肯定，强化自我价值感。

（3）增强自信。通过自我接纳和正面肯定，增强自信。

五、寻找榜样

❶ 借鉴榜样的经验

（1）阅读名人传记或励志书籍。阅读成功人士的传记或励志书籍，了解他们是如何克服困难、实现目标的，并记录下对你最有启发的语句等。

（2）获得灵感。通过这些故事获得灵感，思考自己可以如何借鉴他们的经验。

❷ 模仿正面行为

（1）观察榜样。观察身边那些你认为成功或快乐的人，并尝试模仿他们的一些做法。

（2）找到并实施适合自己的做法。确保这些做法适合你自己。比如，你可以学习同事的高效工作法，但要确保它们适合自己。

六、探索个人兴趣爱好

❶ 寻找激情所在

（1）做感兴趣的事情。投身于真正让你感到兴奋的事情。如果你喜欢画画，你就可以每天安排一段时间专门画画。

（2）丰富生活。通过这些兴趣爱好，你会发现生活变得更加丰富多彩。比如：你会发现自己在创作的过程中感到非常愉快；你去观看画展时，开阔了眼界，结识了新朋友。

❷ 不断尝试新事物

（1）勇敢尝试。勇敢地走出舒适区，尝试未曾接触过的新鲜事物。列出一些你一直想尝试但从未尝试过的新事物，然后逐一尝试。比如，你可以尝试跳伞、攀岩或学习一门外语。

（2）拓宽视野。通过尝试新事物，拓宽自己的视野。比如，去国外旅行，你会体验到不同的文化和风土人情，感受到世界的多样性，思维有可能改变，心态也有可能变得更包容。

（3）发现新的兴趣点。在尝试新事物的过程中，你可能会发现新的兴趣点。比如，在学习一门外语时，你可能会发现自己对该国的历史和文化产生了浓厚的兴趣。

通过以上方法，我们可以全面提升自我意识，更好地理解自己，改善人际关系，提升自信和社会技能。当我们学会用新的方式来对待自己，用新的生活内容和行动替代旧的生活内容和行动，就会发现，原先那些曾令我们痛苦不堪的经历或记忆逐渐对我们失去了控制力。我们要勇敢地去做、去经历、去创造，不再被过往所定义，主动进行自我疗愈和成长，开启一段全新的人生旅程。

愿每一位女性都能找到属于自己的力量源泉，在未来的日子里活出最真实的自我。

边界感：
兄弟姐妹多，守护小家是王道

　　小琴，一位来自农村的女性，凭借自己的勤奋与智慧，在城市中闯出了一片天地。她不仅拥有高学历，还拥有了自己的事业，组建了一个幸福的家庭。然而，这样的一位成功的女性，却因为对原生家庭负有过度的责任感，使自己的生活陷入了低谷。

　　小琴的弟弟自小就不让人省心，长大后，他不思进取。出于家庭责任感，小琴在自己经济条件允许的情况下，不断地资助他。直到有一天，她做出了一个重大决定——用自己四百万元的积蓄来填补弟弟的债务窟窿。这笔钱原本是为家庭的未来以及孩子的教育所储备的，她的这一决定，直接导致小家庭内部产生信任危机。

　　小琴的丈夫得知此事后，极度愤怒与失望，他认为小琴的这个决定是对他们共同建立的家庭不负责任的表现。因此，他提出离婚。面对突如其来的变故，小琴的儿子也感到难以接受。他曾听从母亲的教诲，刻苦学习，并希望通过自己的努力改变命运。他不禁埋怨道："妈妈，你一直都让我好好读书，我很努力，也想按照你的期望不断深造，但你却把我的教育基金全搞没了！"儿子的话，像一把尖刀刺入了小琴的心。

小琴的故事告诉我们，无论是男性还是女性，成家之后，首要的责任应当是对自己的小家庭负责。这意味着在处理与原生家庭的关系时，需要有一定的界限感。这不是自私，而是为了确保自己所创建的家庭能够稳定和谐地发展。

在多子女家庭里，兄弟姐妹之间的关系常常是一把双刃剑。一方面，彼此之间可以相互扶持，共享成长过程中的喜悦与泪水；另一方面，过多的干涉或界限模糊也可能带来不必要的摩擦与误解。在这样的背景下，"守护小家"不仅是一种责任，更是一种智慧。

作为一个女性，在维护自己的小家庭（即与配偶及子女组成的核心家庭）的同时，确实需要注意处理好与原生家庭（娘家）的关系，特别是当娘家有较多兄弟姐妹时。这不仅涉及经济方面的独立，还包括情感边界的确立。以下几点建议有助于你更好地守护自己的小家。

● 保持低调与谦逊

无论我们是在学业上还是事业上取得一定的成就，都不应该以此来标榜自己，更不能借此贬低其他家人。相反，我们应该以平和的心态分享成功的经验，并鼓励其他家庭成员追求个人梦想。

❷ 理解并适应人性的复杂

俗话说："借钱容易还钱难"。在金钱借贷方面，我们应该明白，借钱给别人容易，向别人讨要借出去的钱很难。我们要避免因钱财而破坏亲情。这不仅是财务上的问题，还关乎信任、尊严与亲情等。因此，在处理家庭内部经济往来时，我们应当制定清晰的规则，避免产生误会或做出令我们后悔的事。这也意味着我们要避免不必要的借贷行为，如果有必要借贷，则应该设定明确的还款日期。

❸ 尊重个人边界

我们应当认识到：每个人都有权享有私人空间。因此，即使出于善意，我们也应克制自己不去过度干涉兄弟姐妹或其他亲属的私生活。与此同时，在没有全面了解具体情况的前提下，我们应当避免对家人所做的决定发表无意义的评论，以防无意间对对方造成伤害。只有给予彼此足够的尊重与空间，才能构建更加稳固和健康的家庭关系。

❹ 保护家庭隐私

我们在使用社交媒体或在其他公共平台分享家庭故事时，应保持谨慎，防止无意中泄露重要个人信息，以防范潜在的安全风险；同时，面对外界对家庭的评论，应秉持"没有全面了解前因后果，不轻易下结论"的原则，树立正确的舆论观，保护家人不受无端指责的影响。

即便是家庭成员之间，也需要设定清晰的界限。对于女性而言，尽管与娘家的兄弟姐妹之间的情感无可替代，但我们亦需明白，构建坚固的小家至关重要。这并不意味着要割裂亲情，而是倡导一种健康而独立的家庭运营模式——在爱与责任之间找到平衡点。比如，不要像故事中那样在亲友间进行不必要的金钱借贷，实际上也是保护自己的小家庭。这样做不仅是对自己的小家庭的未来负责，更是对整个大家庭的长久稳定发展做出的一种贡献。

愿每位女性都既有爱又有智慧，守护住温暖的小家。

建立高自尊：
通往幸福之路的基石

每个人都渴望得到别人的认可与尊重。在家庭中，女性也希望能够获得伴侣的理解和支持。然而，有时我们可能因为缺乏足够的自信而变得过于依赖对方，甚至不惜牺牲自我去迎合对方。长此以往，不仅无法赢得真爱，还可能导致自身价值感降低。因此，建立高自尊显得尤为重要。本小节将从几个方面探讨如何通过提高个人自尊水平，免于在家庭关系中陷入被动局面。

自尊，指的是一个人基于自我评价而形成的自重、自爱，并要求受到他人尊重的正面的情感体验，它源自内心深处对自己的认可。一个高自尊的人通常能够清晰地认识到自身的优点与不足，并且愿意接受真实的自我。对于女性来说，拥有强大的自尊意味着不会轻易妥协于不符合自己标准的关系，并能在遭遇感情挫折时迅速恢复过来，继续向前迈进。那么，我们应该怎样建立高自尊呢？

❶ 积极心态：接纳不完美

每个人都有缺点，我们接受这一点意味着正视现实，有助于我们勇于改进。当我们能够坦然面对自己的不足之处，并努力改进时，我们便会逐渐对自己有更加深刻的认识，从而增强自信。

❷ 个人成长：不断学习进步

知识与技能的积累不仅能够让我们在职场上游刃有余，还能让我们在家庭生活中展现出独特的魅力。通过持续学习新事物，拓宽视野，我们可以不断提升自我价值，变得更加独立自主。这种内在的成长将转化为外在的自信，让家人感受到我们的独特魅力和不可替代性。

> 晓丽是一名普通的职场女性，曾经的她总是疑神疑鬼，常担心自己的伴侣会离开自己，因此不断地妥协与讨好，结果反而让她在关系中失去了伴侣应有的尊重。后来，晓丽开始专注于自己的工作和个人成长，不再依赖于伴侣的认可来获得自我价值感。随着她在专业领域取得进步，她的自信心也得到了显著提升。这份自信不仅让她在工作中表现出色，还让她在家庭生活中散发出迷人的魅力。最终，正是这种内在力量的展现，让她的伴侣开始重新审视她，并给予她更多的关心与爱护。

③ 健康生活：关注身体与心灵

健康的身体是一切美好事物的基础。合理饮食、规律运动以及充足的睡眠对于维持良好的身心状态至关重要。而心理健康同样不容忽视。定期进行放松训练、培养兴趣爱好等都有助于我们缓解压力，保持愉悦的心情。

当我们拥有了高自尊，专注于自己，我们便可以在人际交往中更加从容不迫。在家庭关系中，自信的女性能够清楚地表达自己的需求与界限，不会因为害怕失去而妥协，也能让对方更加尊重你。

综上所述，建立高自尊是每位女性都应该重视的事情。它不仅关乎我们在生活中、社会中的地位与影响力，还直接关系到能否拥有美满的家庭生活。通过上述方法，我们能够不断提升个人魅力，踏上属于自己的幸福之路。

第四部分

社会博弈——关系网络中的策略与思考

第六章 职场上的博弈:在竞争中谋发展

打破职场性别歧视

> 小丽是一位工作充满激情的产品经理,她所在的公司是一家知名的互联网企业。从入职第一天起,小丽就凭借自己出色的业务能力和创新思维,在多个项目上取得了卓越成绩。然而,每当涉及晋升或重要决策,她总会感受到一股无形的压力,那就是职场上的性别偏见。
>
> 一次,公司准备启动一个大型项目,需要选拔一名项目经理。小丽认为自己是最合适的人选,因为她不仅对产品了如指掌,还具备出色的沟通协调能力。可当管理层公布最终名单时,却选择了资历稍浅、能力并不比小丽出色的男同事。更让人心寒的是,在私下讨论时,有位高层直言:"女性总是因为家庭原因分心,不如男性可靠。"

这个故事虽然令人遗憾,但并非个例。职场性别歧视是许多女性不得不面对的现实。但正如小丽一样,每位女性都有权利追求平等发展的机会。接下来,我们将一起探讨如何打破职场性别歧视,为自己赢得一片天地。

❶ 认识与理解

要想有效应对职场中的性别歧视，首先需要深入了解劳动法、妇女权益保障法等相关法律法规，这有助于清晰界定自身的合法权益。此外，识别性别歧视的具体表现形式同样至关重要，比如薪酬待遇的不平等、晋升机制中存在的性别壁垒，以及日常工作中任务分配的性别化倾向等。

我们要正视性别歧视的存在，认识到这是一个深层次的社会问题，也要关注自身所在行业的具体情况，因为行业领域和职位不同，性别歧视的表现形式和程度可能会有很大差异。这样，我们便能够在明确自身权益的基础上，有针对性地采取行动，应对职场中的性别歧视现象。

❷ 记录证据与持续追踪

当你遇到可能的性别歧视情况时，你应当及时记录下相关细节，包括事件发生的时间、地点、涉事人员及具体经过，并妥善保存相关的书面记录，作为日后维权时的依据。同时，对每次与管理层或人力资源部门沟通的结果也要做好记录，留意后续是否有改进，并根据实际情况做出相应的调整。

❸ 寻求内部和外部的支持

面对职场性别歧视时，我们首先需要考虑的是内部解决途径。可以尝试与人力资源部门或直接上级沟通，清晰地表达自己对性别歧视的不满，并共同探讨可行的解决方案。若发现内部难以达成共识，则可以考虑向外部求助，比如联系相关机构或组织，这些机构或组织通常具备处理此类问题的专业知识与丰富经验。

此外，还可以加入专注于女性职业发展的团体或社群，这样做不仅能够获得他们宝贵的支持，还有助于拓宽视野，学到成功应对性别歧视的方法。

4 个人成长与发展

面对职场性别歧视时，持续学习和提升自身专业技能是增强个人竞争力的关键。我们要努力工作，力求成为所在领域的佼佼者，积极参与各类培训课程、研讨会等，不断提高业务水平。同时，还要积极培养领导力，争取更多展示自我的机会，比如参与重要项目的管理或提出建设性意见，以此来证明自身的价值。

当然，在争取公平对待的过程中，我们也需要保持一定的灵活性，在特定的情况下做出适当妥协，为个人的长远发展积攒力量。我们既要展现专业实力，又要体现出成熟的职业态度。

5 倡导文化变革

从个人的角度出发，我们应该致力于影响周围的工作环境，推动建立更加包容和多元的企业文化。真正的改变是一个长期的过程，它不仅需要个人的努力，还需要从政策制定到制度完善等多方面的协同作用。只有从点到面逐步推动，才能促进整个社会向着更加公正、和谐的方向前进。

6 自我保护与心理健康维护

面对职场性别歧视时，保持理智的态度非常重要。如果感到压力过大或心里非常不舒服，不妨寻求专业人士的帮助，确保自己的心理健康不受损害。同时，要学会合理安排工作与生活，拒绝超出职责范围的要求，保障充足的休息时间，防止身心疲惫。我们要始终保持积极向上的心态，坚信通过不懈奋斗，无论是个人发展还是整个社会都将向着更加公正的方向迈进。

综上所述，面对职场中的性别歧视，每个女性都应当成为积极的变革者。通过不懈地倡导公平与正义，可以逐步消除一些无形的障碍，在职场创造出平等、相互信任与尊重的工作环境。

内外兼修：
在职场中绽放独特光彩

对于女性来说，在职场上合理利用"美"的力量，不仅可以帮助我们塑造个人形象，还有助于我们建立自信，提高工作效率。本小节旨在提供一套系统的方法论，指导女性如何通过内在和外在的双重修炼，在职场上发挥"美"的正面作用。

在职场中，"美"的内涵丰富而多元，远超表面的定义。

首先，它体现于个人的外在形象——从合理的着装到得体的修饰，不仅能彰显个人的品位与风格，还是增强自信、塑造个人品牌的重要途径；优雅的举止与自信的眼神同样不可或缺，它们会在不经意间展现出一个人的教养与风度，给人留下深刻的第一印象。

其次，职场之美并不仅限于外表，更深层次的内涵则体现于个人的内在品质。积极乐观的态度、自信大方的性格特质，无疑能成为职场中的亮点。更为重要的是，严谨高效的工作风格、扎实的专业能力是我们在职场立足的根本，它们决定了我们能否在职场中脱颖而出。而高情商则如同润滑剂一般，能够帮助女性更好地处理复杂的职场人际关系，从而促进团队间的和谐协作，提升工作效率。

再次，"美"的概念还可以进一步扩展到具体的行为方式上。无论是清晰高效的沟通技巧，还是在团队中发挥积极作用的能力，都是在职场中获得成功的关键因素。良好的沟通不仅能加速完成任务，更能促进团队成员间的相互理解与支持。此外，拥有出色的团队协作能力意味着我们能够在一个集体中充分发挥自身的优势，为共同的目标贡献智慧与力量。具备领导力的个体往往能够在职场中以独特的人格魅力与智慧激励他人，实现个人与团队的共同成长。

事实上，职场之美的真谛在于内外兼修，这需要我们通过不断提升自我，在日常工作中展现出个人价值与团队精神的完美融合。

那么，女性应如何锻造自己的"美力"呢？

❶ 塑造外在的职场形象

在职场形象的塑造过程中，无论身处何种行业，选择适合自身职位及公司文化的装束总是对的。如果出席正式场合，比如参加重要的商务会议，商务正装无疑是最佳选择。这类着装强调的是简洁大方，色调多以中性色为主，要避免过于鲜艳的颜色或复杂的图案，同时，也要确保服装合身，过紧或过松的服装都会给人一种不够严谨的感觉。

当然，在越来越多的创意型行业，如广告、设计领域等，允许员工在保持专业感的同时，通过自己的个性着装来展示个人特色。尽管着装要求相对宽松，但保持衣着整洁、避免过分随意依然是基本原则。

除了符合职场特点和氛围的着装外，良好的仪容仪表同样是塑造职场形象不可或缺的一环。整洁干净的头发、恰到好处的淡妆等，都能够为个人形象加分。定期修剪头发、保持面部清洁、适当使用化妆品来修饰等，这些看似微不足道的细节，都可以映出我们对工作的认真态度和个人的自尊自爱。

此外，合宜的身体语言在职场中也可以传递出对业务的专业、对工作的自信。挺拔的站姿、自信而友好的眼神交流以及适度有力的握手方式等，都能够在无形之中让我们获得同事或客户的信任与尊重。

❷ 提升职场功力

持续提升专业能力是个人发展的关键因素。这意味着我们要积极参加各类专业的培训课程，通过系统的学习来深化专业技能并拓宽知识面，包括努力考取相关领域的专业证书。专业证书是个人能力和资历的有力证明，能有效增强我们在职场中的竞争力，助力我们的职业发展。

情商也是我们在职场取得成功的重要因素之一。高情商意味着能够有效地进行情绪调节，并且具备良好的人际交往能力。日常学习一些情绪管理的技巧，有助于我们在面对压力时保持平和、积极乐观的心态。培养同理心能使我们更好地理解他人感受，有助于人际关系的和谐发展。拥有同理心对于顺利开展工作至关重要。

拥有高效的时间管理能力对于我们平衡忙碌的工作与生活同样重要。平时要制订合理的工作计划，并根据任务的优先级安排工作，提高工作效率；学会拒绝不必要的社交，这有助于我们集中精力完成重要任务。当然，在忙碌之余，合理安排休息时间也同样重要,确保身心得到充分放松与恢复,才能维持长久的工作热情与创造力。

❸ 优化行为方式

(1)有效沟通非常重要。不论是口头沟通还是书面沟通,我们都应当力求表达清晰、准确且富有逻辑,避免使用模糊不清的语言,确保信息可以被准确无误地传达。同时,我们也要懂得,倾听是一项重要的技能,我们在对话中要倾听对方的表达,并通过适时的反馈展现我们的理解。

(2)团队合作是推动工作顺利进行的关键。作为团队的一员,积极参与项目并主动承担责任是我们的基本素养。支持同事的工作,彼此之间相互协作,既有助于个人能力的提升,又能提高团队的整体工作效率。面对分歧时,有建设性的言行至关重要,既可以有效处理矛盾和冲突,又可以快速推进工作。

(3)如果我们是团队的领导,那么培养和发展我们的领导力必不可少。作为领导者,我们需要通过自身的行动为团队树立榜样,激励团队成员朝着目标前进。领导力包括在关键时刻展现出果断的决策力,以及勇于承担责任的能力,还包括合理授权等。优秀的领导既能推动团队实现目标,又能促进团队成员的个人成长与发展。

❹ 把握尺度,避免误区

在职场中,合理的自我展示非常重要,但这并不意味着我们要过度依赖外貌,更为理智的做法是将更多的精力投入到提升自身的职业技能和提高个人修养方面,通过内在的实力赢得尊重与认可。

当然，适度的打扮仍然是必要的，它可以使我们更加自信，但我们一定要认识到，外貌只能对我们的能力起到锦上添花的作用，千万不能本末倒置。

值得注意的是，在追求职业成就的过程中，个别人可能会因为急功近利而选择采用一些不正当手段，比如通过展现性感或是讨好上司来获得晋升或获取某些资源等。这种做法不仅会损害个人的职业声誉，严重时还会触及法律的红线。在职场中必须坚持原则，拒绝使用任何不正当的手段为自己牟利。

无论身处何种职场环境，都应当坚守职业道德，做到诚实守信，公平竞争。即便遭遇不公平对待，也应该保持冷静和理智，通过合法合理的途径来维护自己的权益。只有这样，才能在职业生涯中走得更远、更稳。

综上所述，"美力"作为职场女性的一种优势，应当被理性看待。女性要想在职场上更好地展现自我价值，必须注重提升各方面的工作实力。记住，在职场上，真正的"美力"来源于驾驭工作的自信，来源于内心的智慧，而并不只是外表的光鲜亮丽。

女性领导力：不做配角，只做主角

尽管当代社会中越来越多的女性投身于职场，但担任高层管理职位的女性比例依然低于男性。许多女性即便身在职场，也往往优先考虑家庭责任而非个人事业的发展。

现在，智力资源并不受性别的限制，女性与男性一样能够获得接受高等教育的机会。更重要的是，在当今这个时代，体力已不再是职场成功的决定性因素，知识、技能以及创新能力等成为衡量个人职业成就的关键指标。无论从个人发展的角度还是从促进社会进步的角度来看，女性都应当在职场上积极展现自己独特的才能，争取与男性平等的职业机会和发展空间。女性完全可以凭借自己的能力展现自身的领导力，在职场上实现个人价值。

从女性的角度来看，提高并展现领导力需要做到以下几个方面。

（1）增强自信。自信对于领导者至关重要。在职场上，女性需要通过积极肯定自我价值、展现成就以及参与培训、与榜样交流等方式来增强自信。

（2）平衡工作与生活。面对家庭和职场的双重压力，学会时间管理和优先级设定对女性尤为重要。找到适合自己的家庭与工作的平衡点，可以更有效地分配时间和精力。

（3）展现领导潜质。主动承担工作与责任，积极参与决策，展示自己的领导能力和决策能力。这样，既能增加你的工作经验，又能让大家看到你的潜力。

（4）探索领导风格。探索不同的领导风格，找到最适合自己的那一种。例如，服务型领导、变革型领导等，每种领导风格都有其独特的特点和优势。

（5）主动发言。在会议上主动提出想法，即便自己的观点未必成熟。这样，你可以逐渐习惯表达，并且能够通过他人的反馈得到启发或实现突破。

（6）建立个人品牌。确定自己希望在同事和上级面前树立的形象（如行业专家、工作领域的创新者等），并通过实际行动来强化这一形象。比如，你可以在会议上或社交媒体上分享自己对于相关领域的独到见解。

（7）学习公共演讲。练习在公众面前表达自己。良好的演讲能力也是领导力的重要组成因素。

（8）练习决策制定。面对选择时，可以先列出所有选项及其可能产生的结果，逐一分析后再做出决定。这种练习有助于提高解决复杂问题的能力。

（9）学习财务知识。即使你不是财务人员，也应了解基本的财务概念和公司的经营状况。具备一定的商业洞察力能让你的决策更具说服力。

培养领导力不能一蹴而就，它需要时间和努力，以及不断的实践与反思。作为女性领导者，不仅要学会领导他人，更要懂得领导自己。通过上述方法的应用与经验积累，相信你能够发掘出自己更多的潜力，在职场舞台上大放异彩。更为重要的是，一定要记住：领导力不仅仅关乎权力和地位，更关乎责任与奉献。只有具备了这样的精神内核，才有可能真正成为一名优秀的领导者。

知识更新不停歇：
心理学视角下的终身学习

在当今这个信息爆炸的时代，终身学习已成为我们每个人必须具备的理念。女性由于生理和社会角色的不同，如生育、照顾家庭等，常常在追求自我提升的过程中面临更多挑战。然而，这并不意味着女性应当放弃个人成长与进步。相反，在心理学的视角下，终身学习不仅能够帮助女性应对生活中的各种变化，更是实现个人价值、提升生活质量的重要途径。

首先，从心理学角度来看，终身学习有助于增强女性的心理韧性。面对生活的压力与挑战，持续学习能够为我们提供新的视角与解决问题的方法，使我们能够在面对诸如职业转型、子女教育等问题时，更加从容不迫。此外，通过不断吸收新的知识，女性能够更好地理解自身的情绪与需求，从而提高身心健康水平和生活质量。

其次，终身学习对于保持职场竞争力至关重要。随着社会的发展，许多传统行业、职业正在经历深刻的变革，而新兴行业则要求员工不断更新知识与技能。对于那些希望重返职场或是寻求职业发展的女性来说，持续学习不仅是适应这些变化的关键，也是实现个人职业目标的基石。

再次，从家庭的角度考虑，终身学习同样意义非凡。不论作为母亲还是妻子，家庭中的角色决定了女性不仅是孩子成长过程中的引导者，也是塑造家庭文化的重要力量。通过持续学习，女性不仅能够给予下一代更好的教育与指导，还能在家庭中营造积极向上的学习氛围，促进家庭成员相互理解和共同成长。

最后，要注意，终身学习并不仅仅局限于专业知识的积累，它还涵盖了兴趣爱好的培养、身心健康的维护等多个方面。在忙碌的生活之余，寻找一项热爱之事并坚持下去，不仅能丰富个人的精神世界，还能增强女性的社会交往能力，让生活变得丰富多彩。

以下是践行终身学习这一理念的几个建议，有助于构建一个持续学习的生活模式。

（1）明确学习目标。确定学习的目的，之后选择具体领域和学习资源。是为了职业发展、个人兴趣，还是为了更好地教育孩子？明确目的，可以帮助我们更有针对性地选择学习资源。

（2）利用在线平台。互联网提供了丰富的学习资源，让人足不出户就能接触到全球顶尖的课程，可以多寻找、多利用。

（3）阅读书籍与相关资料。定期阅读与个人兴趣或需求相关的书籍，无论是纸质书还是电子书，都是获取新知的有效途径。同时，关注专业领域的期刊等也能让我们及时了解行业动态。

（4）加入学习社群。加入自己感兴趣的社群或学习小组，成员之间不仅可以共享学习资料，还能够互相鼓励、交流心得。而且，这样的社交活动也有助于我们拓宽视野、与人产生思想碰撞，并能结识志同道合的朋友。

（5）实践所学。理论知识固然重要，但只有通过实践才能真正掌握。我们要尝试将学到的知识应用到实际生活中，比如参加工作坊、志愿者活动，甚至是创办项目来检验所学。

（6）保持好奇心。对世界保持好奇的心态，对未知的事物抱有探索欲。这不仅能够激发我们学习的兴趣，还能让我们充满活力。

（7）克服畏难情绪。面对复杂或有难度的学习内容时，可以分解学习任务，一步步攻克难关。从无知到精通的过程中，坚持长期主义，持之以恒才是关键。

在不断变化的世界里，终身学习不仅是个人成长的王道，更是每位女性赋予自己无限可能的"魔杖"。从心理学的角度来看，持续学习的过程能够帮助我们更好地理解自我，增强适应力，并且在面对生活与职业中的挑战时，能够有更加多元的解决策略。对女性来说，终身学习不仅仅是职业发展的需求，还关乎个人身份的构建、自信心的培养以及独立精神的塑造。

让我们拥抱每一次学习的机会，无论是重拾旧日的爱好，还是探索新兴的领域，或是深入理解人性与社会等，学习都是通往更加广阔世界的路径。在人生的旅途中，持续学习会使我们不断超越自我，体验更加丰富多彩的人生。记住，无论年龄多大，学习的步伐都不应停歇，因为真正的智慧与力量，正蕴藏在那永无止境的求知渴望之中。

第七章 人际关系博弈：社交场上的巧妙周旋

刺猬法则：从容应对咄咄逼人的谈话

在职场中，女性经常面临各种各样的挑战。比如，在与同事、客户以及上级的交流过程中，可能会遭遇一些咄咄逼人的谈话。在这种情况下，如何保持冷静，并有效地进行沟通就显得尤为重要。源于自然界中刺猬的行为模式的"刺猬法则"（人与人之间要保持一定的心理距离，在职场上，既要团结合作，也要"亲密有间"），能够帮助我们在面对压力与挑衅时，既能保护自身权益，又能维持自己良好的专业形象。

❶ 界定个人的职业边界

在职场上，刺猬法则的核心理念之一便是明确界定个人边界。自然界中的刺猬以其独特的防御机制著称：当感受到潜在威胁时，它们会迅速竖起身上的尖刺，并将身体蜷缩起来，以保护自己不受伤害。与此类似，职场中的女性需要培养对周围环境变化的敏锐感知力，能清楚地认识到哪些行为是自己可以接受的，哪些则触及了个人边界或职业的底线。比如，在会议上，一位同事不停地打断你发言，并试图贬低你的观点。这时，你应该坚定地表明："请让我完成我的发言，之后我们可以就你的看法一起讨论。"这样的回应既礼貌又坚定，有助于维护你的发言权和尊严。

❷ 塑造专业、有威信的职业形象

除了强大的防御能力之外，刺猬还因为它们那独特的外观而给人留下深刻印象。对于职场女性来说，树立既专业又有威信的形象同样重要。这绝不仅仅体现在穿着打扮上，尽管穿着得体确实有助于提升第一印象，通过日常工作中的言行举止展现出来的自信心与能力才是赢得同事与客户尊重的关键所在。比如，即将参加一场重要的会议，你要提前进行充分准备，确保自己能够流畅地陈述观点，并要用具体的数据支撑自己的论点。这样做，不仅能展示你的专业能力，还能增强你在团队中的影响力。

❸ 保持冷静，理性应对冲突

在遭遇充满敌意或具有挑衅性的言论时，保持冷静往往是最有效的应对方式之一。切忌让冲动情绪支配自己的行动，而应该尝试以平和的心态应对当前的情况，并运用逻辑思维寻找解决问题的方法。比如，在进行项目汇报时，如果你的汇报遭到质疑甚至批评，你可以先深呼吸几秒钟，然后冷静地回答："感谢您的反馈，我会认真考虑您提到的问题，再审视一下我的方案，之后再与您沟通。"这样的回应展示了你的专业素养，同时也表明你愿意听取不同意见的态度。

❤ 4 灵活运用沟通技巧

刺猬法则还特别强调了沟通策略的重要性。虽然在某些场合下直接对抗可能是必要的，但在大多数情况下，采用更加圆滑的沟通方式也许会更有利于问题的解决。比如，在处理一个棘手的客户投诉时，你可以先表示理解和同情，然后逐步引导对方讨论具体的解决方案。你可以说："我完全理解您的担忧，我们一起来看看怎样才能更好地解决这个问题。"这样的沟通不仅能缓和紧张的气氛，还具有建设性。

❤ 5 建立可靠的支持网络

最后，同样重要的一点是，当在社交方面感到孤立无援时，拥有一个强大且可靠的支持网络是极为宝贵的。无论是向同事、朋友征询意见，还是向专业人士寻求建议，都能让你在遇到困难时获得新的看问题的视角，获得心理支持。比如，你在工作中遇到难以解决的问题时，可以找一位经验丰富的职场导师进行交流，他往往会给出宝贵的建议。此外，参加行业内的社交活动，结识更多的同行，他们也有可能会在关键时刻为你提供帮助和支持。

综上所述，刺猬法则可作为我们在社交方面保护自己的指导原则。它能让我们在遭遇咄咄逼人的对话时更加自信、从容，能让我们冷静地思考，灵活运用多种沟通技巧以及积极构建外部支持体系，在复杂多变的工作环境中守护自我价值，赢得他人的尊重与信任。

镜像效应：应酬中的巧言妙语

在职场中，应酬是不可避免的。无论是商务洽谈、客户关系维护还是内部沟通协调，往往需要通过餐叙、酒会等形式来增进彼此之间的了解与信任。对于身处职场的女性来说，如何在这些场合中展现出自己的专业魅力，同时又能维护自身的尊严与形象，是一项重要的技能。本小节将探讨镜像效应在应酬中的运用，帮助职场女性更好地应对各种应酬场合。

❶ 何为镜像效应

镜像效应是指人们在交流过程中，通过模仿对方的肢体语言、表情、语气等，与对方建立起一种心理共鸣，从而加深彼此间的亲密感和信任度。在社交场合中，如果能巧妙地运用镜像效应，可以大大提升沟通效果。

❷ 应酬中巧言妙语的重要性

在职场的应酬中，巧妙的语言表达不仅能展示个人魅力，还能有效地促进人际关系的和谐发展。职场女性通常在这些场合中，一方面需要展示出自己的专业能力，另一方面又要保持优雅和亲和力。因此，掌握一定的表达技巧尤为重要。

❸ 如何运用镜像效应

（1）注意观察对方的肢体语言。在应酬中，我们要观察对方的肢体语言，包括眼神、手势、坐姿等。如果对方表现出开放的姿态，如身体前倾、微笑等，那么你也可以相应地调整自己的姿势，表现出友好和接纳的态度。比如，当对方微笑着向你示意时，你可以报以同样的微笑，并轻轻点头，表示感谢和认可。反之，如果对方显得比较拘谨或紧张，那么你也应适当收敛自己的动作，以免给对方造成更大的压力。如果对方不太愿意与你进行眼神接触，你可以适当减少与对方进行眼神接触的频率，让对方感到放松。

（2）模仿对方的说话风格，或使用与对方类似的词汇和表达方式。在交谈过程中，我们可以适度模仿对方的说话风格，如语速、音量、停顿等。这样做可以让对方感到舒适和亲切，从而更容易建立信任。在表达观点时，我们可以有意识地使用对方常用的词汇和表达方式。这样做不仅能让对方产生共鸣，还能提高沟通的有效性。

比如，如果对方说话慢条斯理，那么你也可以放慢自己的语速；如果对方喜欢用一些专业术语或业内的行话，那么你在回应时也可以适当使用一些术语，以显示自己的专业水平，让对方觉得你是一个"内行人"。这样做，不仅能拉近彼此的距离，还能提高沟通的有效性，获得对方的认同。此外，在交流时还要认真倾听，让对方感到你很重视他的言谈和观点。

❹ 具体应用实例

（1）餐叙洽谈。在餐叙洽谈中，职场女性可以通过运用镜像效应来拉近与客户的距离。

> 比如，在与重要客户的餐叙中，对方在谈论业务时表现出极大的热情，此时你也可以表现出同样的热情，并用类似的语气和词汇进行回应。当对方兴奋地说："我们的新产品在市场上反响非常好！"你可以回应说："确实，我也听说了，看来你们的市场策略非常成功。"这样不仅可以增进彼此的信任，还有助于推动业务合作的顺利进行。

（2）内部聚餐。在内部聚餐时，职场女性也可以通过运用镜像效应来增强团队的凝聚力。

> 比如，在部门聚餐中，上司在讲话时表现出轻松愉快的状态，此时你也可以相应地调整自己的表情和语气，展现出同样的轻松和愉悦。当上司笑着说："今年的业绩很不错，大家辛苦了！"你可以回应说："是啊，大家都付出了很多努力，真是值得庆祝的一年。"这样，既回应了上司的话语，又能让团队成员感到自己被重视。

⑤ 注意事项

虽然镜像效应在酒桌上可以为我们带来诸多好处，但也需要注意以下几点。

（1）适度原则。模仿对方的动作和语言要适度，过度模仿可能会显得做作，效果适得其反。如果对方说话时喜欢用手势，你可以适当模仿，但不要做得过于夸张，否则会让对方感到不自然。

（2）真实表达。我们在表达时需保持自己的个性和真实性，不要为了迎合对方而失去自我。

（3）文化差异。在跨文化交流的场合，要注意不同文化背景下的肢体语言和表达习惯，避免产生误解。比如在与外国客户交流时，要了解对方的文化和风俗习惯，不要盲目模仿，且要注意用词和肢体动作等，以免造成误会。

职场女性如果能运用上述技巧，即便身处复杂的职场环境中，也能游刃有余，赢得同事和客户的尊重与信任。

了解不同领导的性格类型，找到最佳相处模式

在职场中，了解并适应领导者的管理风格对我们来说也非常重要。MBTI（迈尔斯－布里格斯类型指标）作为目前被广泛应用的性格类型测评工具，能够帮助我们了解不同领导者的特点与行为模式。本小节介绍几种典型的 MBTI 性格类型，并探讨如何根据不同类型的领导风格采取相应的相处策略，从而提升工作效率，促进个人发展。

MBTI 将个体的性格分为十六种不同的组合。这些类型基于四个核心维度：能量获取途径［外向（E）和内向（I）］、信息处理方式［感觉（S）和直觉（N）］、决策过程［思考（T）和情感（F）］，以及生活态度［判断（J）和知觉（P）］。每一种组合都代表了一个人在特定情境下的行为倾向和心理偏好。

MBTI 的四个维度的不同组合，为我们提供了一个理解和分析人们的性格特点的系统的框架。了解这些组合，可以帮助我们在职场中更好地与他人沟通，提高工作效率。

我们也可以将职场上遇到的领导根据 MBTI 进行分类，针对每个人的个体差异调整与其相处的方式。举例如下。

❶ ENFJ（外向、直觉、情感、判断）型领导

ENFJ 型领导者一般拥有出色的交际能力和对他人情绪的高度敏感性。他们擅长构建团队的凝聚力，并能够通过鼓励和支持激发下属的潜能。这类领导倾向于以人为本，关注员工的成长与发展。

与 ENFJ 型领导共事时，你可以采取以下策略。

（1）建立信任。主动分享个人见解与经验，展现你的真诚，以加深相互之间的理解和信任。比如，在团队会议中，你可以分享自己的工作经验或成功案例，让领导看到你的能力和潜力。

（2）积极反馈。及时反馈或汇报，提出建设性意见，促进双向交流。比如，在项目完成后，你可以主动向领导汇报成果，并提出下一步改进的方向。

（3）明确需求。清楚表达期望，寻求合理支持，推动项目进展。比如，在启动新项目前，你可以与领导详细讨论项目的具体需求和预期目标，确保大家达成共识。

❷ INTJ（内向、直觉、思考、判断）型领导

INTJ 型领导一般有强烈的独立精神，眼光长远，偏好理性分析而非情感驱动，这样的特点在制定战略规划方面尤为突出，但有时可能显得不够人性化。

与 INTJ 型领导共事时，我们可以采取以下策略。

（1）精准准备。汇报工作或提案时，务必进行详尽的准备，包

括背景资料、数据分析等。比如，在为项目汇报做准备时，可以收集尽可能多且准确的数据和案例，确保内容翔实可靠。

（2）逻辑论证。用逻辑严密的语言阐述观点，辅以具体实例或数据。

（3）适当表达。尽管此类领导更偏爱独立思考和工作，但你在适当场合表达个人观点仍十分必要。比如，在进行团队讨论时，你可以适时提出自己的看法，展现你的专业能力。

❸ ISTJ（内向、感觉、思考、判断）型领导

ISTJ型领导一般性格稳健可靠，尊重传统与秩序，偏好使用已被证实的、有效的方法来管理团队和解决问题。这类领导内敛而深思熟虑，依靠具体事实而非抽象理论做决策，同时强调逻辑性和公平性，偏好有计划、有条理的工作环境，致力于创造一个稳定高效且可预测的组织氛围。

与ISTJ型领导共事时，你可以采取以下策略。

（1）注重细节。在提交报告或执行任务时，注意检查每一个细节，避免疏漏。比如，在提交工作报告前，要反复核对每一项内容，确保没有遗漏或错误。

（2）遵循规范。严格遵守公司规定与流程，体现出对制度的尊重。

（3）案例支持。提出新想法时，要结合过往的成功案例进行说明，增强说服力。

❹ ESFP（外向、感觉、情感、知觉）型领导

ESFP型领导一般充满活力与热情，往往天生具备感染力，能

够营造出轻松愉快的工作氛围，擅长通过组织多样化的社交活动来促进团队成员之间的交流与合作。

与 ESFP 型领导共事时，你可以采取以下策略。

（1）积极参与。响应组织中各项活动的号召，增加与同事、领导互动的机会。

（2）表达感谢。对同事的努力表示赞赏，营造正面的工作环境。比如，在团队会议上，你可以公开表扬表现优秀的同事，提升团队士气。

（3）灵活应变。面对突发情况时，你要保持乐观态度，并能迅速调整工作计划。

通过上述对 MBTI 类型的探讨，我们可以发现，不同类型的领导存在着显著的性格差异。作为职场女性，我们在日常工作中如果能够敏锐地察觉到这些差异，并据此调整自己的行为模式，就能更加有效地与上级沟通合作，实现双赢局面。然而，需要注意的是，任何性格类型都只是一种理想化的模型，并不能完全涵盖个体复杂多变的性格特质。因此，在实际应用中，保持开放心态，尊重每个人的独特性，才是构建良好职场关系的关键所在。

微表情分析：从眼神探知领导心理

在职场上，领导的言行举止往往蕴含着丰富的信息，尤其是他们的眼神更是传递了诸多未说出口的想法。作为职场女性，学会解读这些微表情，不仅有助于我们更好地理解领导的意图，还有助于我们在关键时刻做出正确决策。本小节将探索如何通过观察领导的眼神来探知其内心世界。

眼睛被誉为心灵的窗户，人们常说"眼睛是不会说谎的"。事实上，当人们试图隐藏真实感受时，面部其他部位的表情可能会被有意无意地控制住，但眼睛却常常会泄露自己内心真实的想法。

那么，在职场上，我们需要观察领导的哪些眼神变化呢？

（1）瞳孔的放大与缩小。瞳孔的变化是最直观也是最容易忽视的细节之一。研究表明，当个体经历强烈情绪波动，如喜悦、兴奋或愤怒时，瞳孔会明显放大。因此，当你提出一个新点子或策略时，如果你注意到领导的瞳孔略微扩张，那么很可能他对你所讲的内容产生了浓厚的兴趣。反之，如果其瞳孔收缩，则可能表明他对当前讨论的主题不太感兴趣。

（2）眨眼频率的变化。眨眼频率同样能够反映一个人的精神状态。正常情况下，成人每分钟眨眼次数为十五至二十次。然而，在压力较大或焦虑时，这个数字会显著增加。如果你发现领导在听取汇报或面对挑战时频繁眨眼，那么他或许正处于紧张或不安中。另外，当一个人试图隐瞒真相时，也会出现眨眼次数增多的现象。

（3）眼睑的状态。眼睑的状态可以显示一个人的态度。比如，一个人感到好奇或疑惑时，会不自觉地睁大眼睛，眼睑向上抬起；而在表现出怀疑或不满时，眼睑则会稍微下沉，形成一种仿佛眯眼的状态。这类细微的变化都能帮助我们更好地理解领导当前的心态。

（4）视线的方向。对方视线的方向同样值得我们注意。一般来说：视线向上，表示对方正在回忆过去的事情或在进行抽象思考；视线向下，表示对方可能在进行自我反省或表现出服从等。如果领导在回答问题时不停地左右转动眼球，这可能意味着他在构建新的想法或是在试图掩盖某些事实。

（5）持续注视的时间。持续注视的时长也能反映出很多信息。长时间的直视通常代表自信、坚定甚至是挑衅，而短暂或断断续续的注视则可能显示出犹豫、缺乏信心。当你与领导交谈时，注意对方是否愿意与你保持眼神接触，这将有助于你评估他对你所说内容的态度。

尝试以下方法，有助于我们提高从眼神中捕捉信息的能力。

（1）练习自我观察。利用镜子观察自己在不同情绪状态下眼神的变化，了解自己在不同情境下的表现。

（2）模仿专家。观看相关视频教程，学习专业人士是如何通过细微的表情变化来判断对方的心理状态的。

（3）模拟对话。与同事或朋友进行模拟对话练习，注意彼此的眼神变化，互相交流体会。

（4）反思总结。每次会议结束后，回顾开会过程中领导的眼神变化及其背后可能蕴含的意义，逐步积累经验。

> 假设你在重要会议上提出了一个创新方案，领导并没有当场给出明确的反应。此时，你可以注意观察以下几点：如果领导的眼睛突然亮了起来，并且瞳孔有所扩大，这表明他对你的提议非常感兴趣；如果他在听你讲解时，眼睛一直紧紧盯着你，偶尔轻微点头，这说明他在认真考虑你的建议；如果领导频繁地看向别处，甚至回避与你的目光进行直接接触，那可能表示他对你的方案不太认可，你需要进一步解释或修改。

掌握微表情分析技巧，尤其是从眼神中捕捉有用信息的能力，对于职场女性来说无疑是有必要的。不过需要注意的是，任何单一的微表情都不能完全展现一个人的真实意图，只有将多种线索结合起来分析，才能更准确地把握领导的心理动态。同时也要谨记：不要过度解读。

多样性心理学：
识别职场中的十种同事类型

身处职场，为了使工作进行得更顺畅，工作效率更高，并拥有良好的人际关系，了解并适应不同类型的同事的做事风格至关重要。本小节将提供一份指南，帮助你更准确地识别周围同事的性格类型，从而让你的职场生活和职业生涯更顺利。

❶ 完美主义者

这类同事做事追求完美，对自身要求极高，甚至有时会显得过于苛刻。他们往往具有出色的专业技能，但在团队合作中可能会给其他成员带来压力。应对策略如下。

（1）展现专业能力。通过展示你的专业水平赢得对方的尊重，让对方看到你也是一个对工作拥有高标准的人。

（2）主动寻求反馈。定期向对方请教有关问题并征求对工作的改进意见。

（3）保持积极乐观的态度。即使在高压环境下，也要保持积极乐观的心态，避免被负面情绪影响。

❷ 社交达人

社交达人在任何场合都能游刃有余，擅长维护人脉资源。尽管他可能不是最勤奋的那个，但凭借强大的社交网络，他总能在关键时刻发挥重要作用。应对策略如下。

（1）学习沟通技巧。观察对方如何与人交流，从中学习有效的沟通技巧。

（2）保持真诚交往。与对方交往时要真诚，避免出于功利目的而接近。

（3）扩大影响力。通过对方的社交圈扩大你的影响力，但同时也要注意维护自己的核心圈子。

❸ 沉默寡言者

与前两类截然相反，这类同事通常比较内向，不善于表达自己。虽然表面上看起来似乎不够活跃，但他们往往拥有独到的见解。应对策略如下。

（1）给予对方时间和空间。给予对方足够的时间和空间去思考，不要催促。

（2）鼓励其分享观点。在合适的时候鼓励对方分享对有关工作的看法，这样可以发现对方的价值所在。

（3）建立信任关系。通过耐心和细心逐渐建立起信任关系，让对方愿意开口交流。

4 老好人

老好人总是尽量避免冲突,哪怕这意味着牺牲自己的利益。虽然这种性格容易受到大家的喜爱,但长此以往可能会导致自身权益受损。应对策略如下。

(1)适时提醒。在适当的时候提醒对方要坚守原则,不要一味妥协。

(2)学会欣赏。要学会欣赏对方的宽容及其他优点。

(3)平衡利益。帮助其找到平衡点,使其在维护和谐的同时保护自己的利益。

5 野心家

野心家一般有明确的职业规划,渴望快速晋升,会积极寻找机会展示自己的能力,并不断寻求突破。应对策略如下。

(1)明确自己的目标和定位。与野心家共事时,应当明确自己的目标定位,避免盲目跟风。

(2)找到适合自己的发展道路。根据自己的实际情况和发展方向,找到适合自己的职业路径。

(3)保持竞争力。不断提升自己的能力,保持竞争力,这样才能在激烈的竞争中脱颖而出。

6 "技术宅"

"技术宅"专注于自己的工作领域,很少关心外界事物。虽然平时话不多,但一旦涉及专业知识,他们就会变得异常活跃。应对策略如下。

（1）多借助其专业优势。遇到技术难题时及时向对方求助，这样，既能解决问题，又能加深彼此之间的交流和信任。

（2）拓展交流范围。鼓励对方更多地参与团队活动，有助于团队合作更顺畅、工作效率更高。

（3）提供支持。在对方需要帮助时提供必要的支持，让其感受到团队的温暖。

7 "八卦王"

"八卦王"热衷于传播小道消息，虽然有时候可以借此了解到公司的一些内部动态，但要注意交往尺度。应对策略如下。

（1）保持适当的距离。和这类同事最好保持适当的距离，既不完全排斥也不过分亲近。

（2）专注于本职工作。要把主要精力放在本职工作上，避免被无关信息干扰。

（3）谨慎处理信息。对听到的信息要谨慎处理，不要轻易传播未经证实的消息。

8 理想主义者

理想主义者充满激情，有很多梦想，总想改变现状。虽然其实际行动可能有限，但其热情却能感染周围人。应对策略如下。

（1）倾听对方的心声。学会倾听对方的心声，理解其想法，从中汲取正能量。

（2）提供实际支持。适时为对方提供实际支持，帮助其实现部分目标。

（3）激发团队活力。利用其热情激发团队的活力，调动整个团队的积极性。

❾ 悲观主义者

悲观主义者对未来持消极态度，容易影响团队士气。要积极引导其看到事情积极的一面。应对策略如下。

（1）积极引导。通过具体案例向其证明，困难是可以克服的，以此来提振对方的士气。

（2）鼓励正面思考。鼓励对方从积极的角度看待问题，寻找解决办法。

（3）提供支持。在对方遇到困难时提供必要的支持，帮助其摆脱或缓解消极情绪。

❿ 随波逐流者

这类同事容易受他人影响。在与之相处时，既要展现出自己的个人魅力，又要给予适当指导，帮助对方找到适合自己的职业道路。应对策略如下。

（1）展现个人魅力。通过自己的行为和表现展现出个人魅力，吸引对方的关注。

（2）给予适当指导。在适当的时候给予指导，帮助对方找到明确的职业方向。

（3）鼓励独立思考。鼓励对方进行独立思考，让其不要盲目跟随他人，找到适合自己的发展道路。

职场如同一个小社会，会聚了形形色色的人。正确地认识并应对不同类型的同事，不仅能让我们在工作中更加得心应手，还能促进个人成长。记住，每个人都有其独特之处，关键在于如何发挥优势、规避劣势，这样，我们才能让自己的团队充满活力和干劲儿，目标一致，团结一心，不断突破。

识别潜在的职场"小人"

在职场中，我们会遇到形形色色的人。大多数同事都是真诚合作、共同进步的好伙伴，但难免会遇到一些所谓的"小人"。这些人可能表面上和颜悦色，背地里却对人"使绊子"，甚至在关键时刻落井下石。因此，学会识别这些潜在的职场"小人"，对于保护自己的职业生涯，并让自己不断发展至关重要。本小节探讨几种识别职场"小人"的方法，并提出应对策略。

职场"小人"的特征

（1）两面派。这类人有可能表面上对你笑脸相迎，背后却搬弄是非。他们善于利用人际关系网为自己谋取好处，而不考虑对他人的不良影响。这类人擅长在不同场合展示不同面孔，在上司面前表现得极为恭顺，而在同事间则可能散布流言蜚语，破坏团结。

（2）马屁精。面对上级喜欢阿谀奉承，试图通过讨好来获得更多的资源或晋升机会；然而，在对待平级同事或下属时，则可能表现出截然相反的态度。这类人懂得利用一切机会接近权力中心，通过拍马屁获取资源或地位，有时甚至不惜牺牲他人利益。

（3）推卸责任。当出现问题时，这类人总是第一时间找借口把责任推给别人，不愿承担应有的责任。他们的行为不仅会损害团队的利益，还可能导致无辜者蒙冤。他们缺乏担当精神，长此以往会影响团队的协作效率和工作状态。

（4）爱嚼舌根。热衷于打听同事的隐私，乐于传播未经证实的消息。这种行为容易造成误解，激化矛盾，破坏团队成员间的信任。

（5）自私自利。只关心个人利益，对集体事务漠不关心。他们可能在项目合作中偷懒，或将本应共享的信息据为己有，还可能会采取隐瞒信息或故意拖延进度等手段来达到个人目的。

❷ 如何应对职场"小人"

（1）培养敏锐的洞察力。学会观察细节，注意同事日常言行举止的变化，从中捕捉异常信号。及时发现问题，并做出相应调整。

（2）构建坚固的同盟。积极与正能量的同事建立联系，形成相互支持的小团体。这样，即使遇到不公平待遇也能及时获得援助。

（3）明确自己的界限。对于侵犯我们个人利益或尊严的行为，要勇敢说"不"。通过设立明确的界限，防止他人无底线地利用自己。

（4）保留关键证据。遇到不公平对待时，注意保存邮件、聊天记录等相关资料作为日后维权的依据。同时，合理运用公司内部投诉机制，争取自己的合法权益。

（5）增强心理韧性。面对职场压力时，保持积极乐观的态度至关重要。可以通过参加培训课程等方式不断提升自我价值感，提高抗压能力。

（6）适时退出不良环境。如果发现自己长期处于不利地位且改善无望，你或许应该考虑寻找新的工作机会。毕竟，健康的职业生涯远比短暂的妥协更重要。

职场之路充满变数，每位女性都需要不断学习与成长，才能在这片竞技场上立于不败之地。我们不仅要学会更好地保护自己，还要促进工作环境向着更加公平和谐的方向发展。希望每位女性都能在职场中绽放光彩，实现自我价值的同时，也为身边的人带去正能量。